Chunjae
Makes
Chunjae

▼

기획총괄	박금옥
편집개발	윤경옥, 박초아, 김연정, 김수정
	김유림, 남태희
디자인총괄	김희정
표지디자인	윤순미, 김소연
내지디자인	박희춘, 이혜미
제작	황성진, 조규영

발행일	2024년 5월 1일 2판 2024년 5월 1일 1쇄
발행인	(주)천재교육
주소	서울시 금천구 가산로9길 54
신고번호	제2001-000018호
고객센터	1577-0902

수학도 독해가 힘이다

초등 수학 1·2

4차 산업혁명 시대!
AI가 인간의 일자리를 대체하는 시대가
코앞에 다가와 있습니다.

인간의 강력한 라이벌이 되어버린 AI를 이길 수 있는
인간의 가장 중요한 능력 중 하나는
바로 '독해력'입니다.

수학 문제를 푸는 데에도 이러한 '독해력'이 필요합니다.
일단 문장을 읽고 이해한 후 수학적으로 바꾸어 생각하여
무엇을 구해야 할지 알아내는 것이 수학 독해의 핵심입니다.

〈수학도 독해가 힘이다〉는 읽고 이해하는
수학 독해력 훈련의 기본서입니다.

Contents

이 책의 **특징**

 준비 + 연습

1 문제 **해결력** 기르기

3 해결 전략을 익혀서 선행 문제 → 실행 문제를 완성!

선행 문제 해결 전략

• 말의 표현에 따라 찾아야 하는 수 알아보기

> 말의 표현에 따라
> 더 큰 수를 찾아야 하는지,
> 더 작은 수를 찾아야 하는지 알 수 있어.

더 **많이**	더 **적게**
순서가 늦은	순서가 빠른
더 **나중에**	더 **먼저**
↓	↓
더 **큰** 수	더 **작은** 수

2 선행 문제를 풀면 실행 문제를 풀기 **쉬워져!**

선행 문제 1

(1) 더 많이 있는 것을 구하세요.

> 사과 63개, 배 69개

풀이 63<69이므로 더 많이 있는 것은
(사과 , 배)이다.

> 실행 문제를 풀기 위한 워밍업

(2) 더 적게 있는 것을 구하세요.

> 연필 78자루, 지우개 73개

1 실행 문제를 푸는 것이 목표!

실행 문제 1

동화책을 서연이는 59쪽, 승현이는 53쪽
읽었습니다./
동화책을 더 많이 읽은 사람은 누구인가요?

❶ 크기 비교하기: 59 ◯ 53

> 풀이 단계별 전략 제시

전략 ▷ '더 많이'이므로 더 큰 수를 찾자.

❷ 동화책을 더 많이 읽은 사람 :

4 쌍둥이 문제로 실행 문제를 완벽히 익히자!

쌍둥이 문제 1-1

줄넘기를 보라는 88번, 연두는 85번 했습
니다./
줄넘기를 더 적게 한 사람은 누구인가요?

실행 문제 따라 풀기

> 실행 문제 해결 방법을
> 보면서 따라 풀기

❶

❷

2 수학 **사고력** 키우기

단계별로 풀면서 **사고력 UP!** 따라 풀기를 하면서 **서술형 완성!**

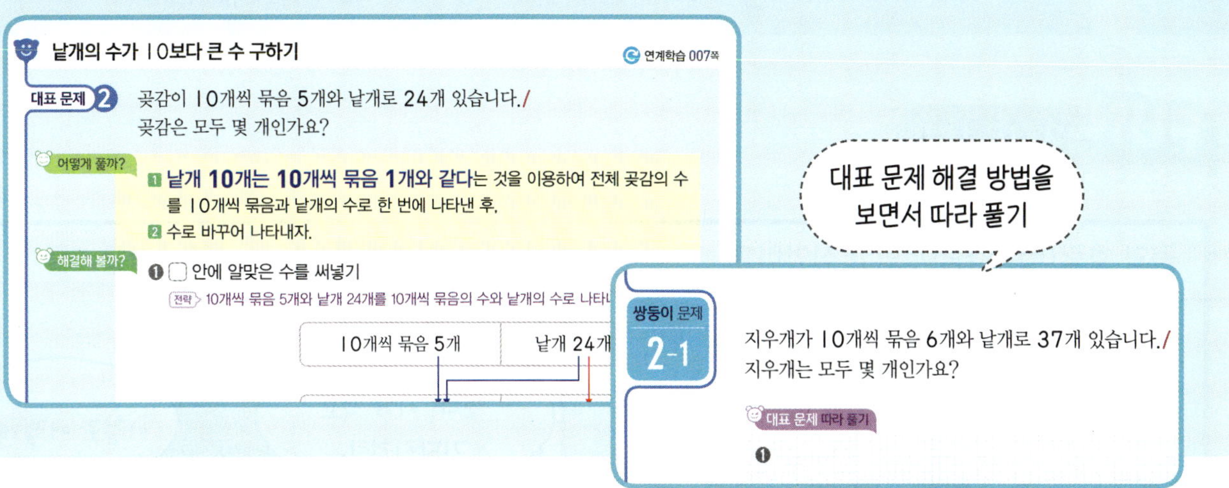

3 수학 **독해력** 완성하기

차근차근 단계를 밟아 가며 **문제 해결력 완성!**

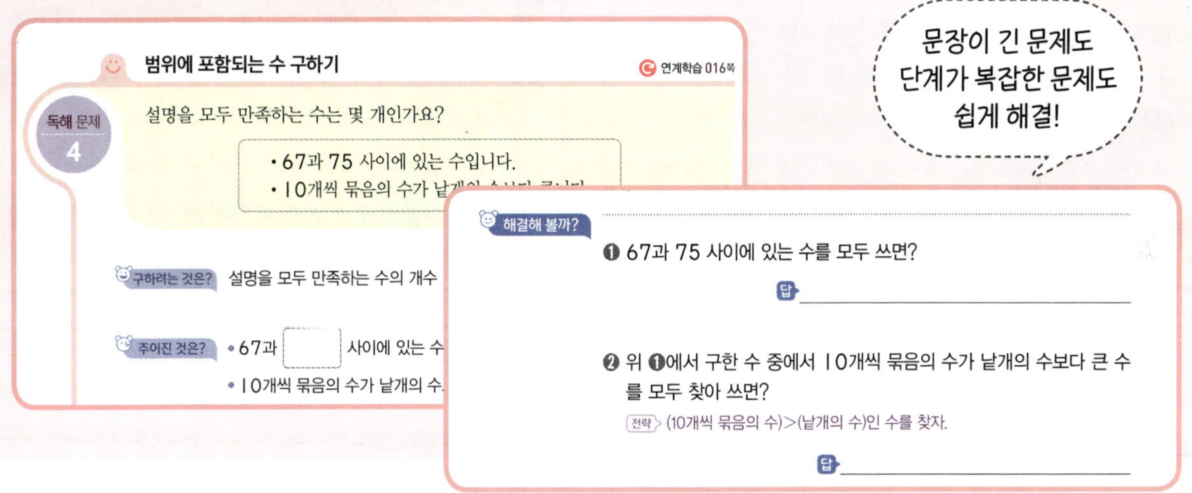

4 창의·융합·코딩 **체험**하기

요즘 수학 문제인 **창의 • 융합 • 코딩** 문제 수록

4차 산업 혁명 시대에
알맞은 최신 트렌드 유형

1 100까지의 수

FUN 한 이야기

곰과 호랑이는 사람이 되고 싶었어요.
사람이 되고 싶습니다.

사람이 되려면 마늘 10쪽짜리를 7톨 먹어야 한대요.
옛다! 이거 먹고 기다리거라.
이걸로 어떻게…
툭

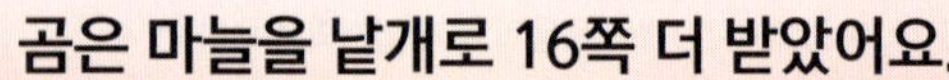
곰은 마늘을 낱개로 16쪽 더 받았어요.

부족하더냐?
그럼 여기 더 주마.
척

곰은 마늘을 몇 쪽 먹어야 사람이 될 수 있을까요?
그게 아니라 마늘을 너무 많이 먹었더니 몸에서 마늘 냄새만 나요. ㅠ
크~ 냄새. 저리 좀 떨어져서 말하거라.
오물
오물
꺼
억

곰이 사람이 되려면 마늘 10쪽짜리 7톨과

낱개로 16쪽을 먹어야 합니다. /

곰이 먹어야 할 마늘은 모두 몇 쪽인가요?

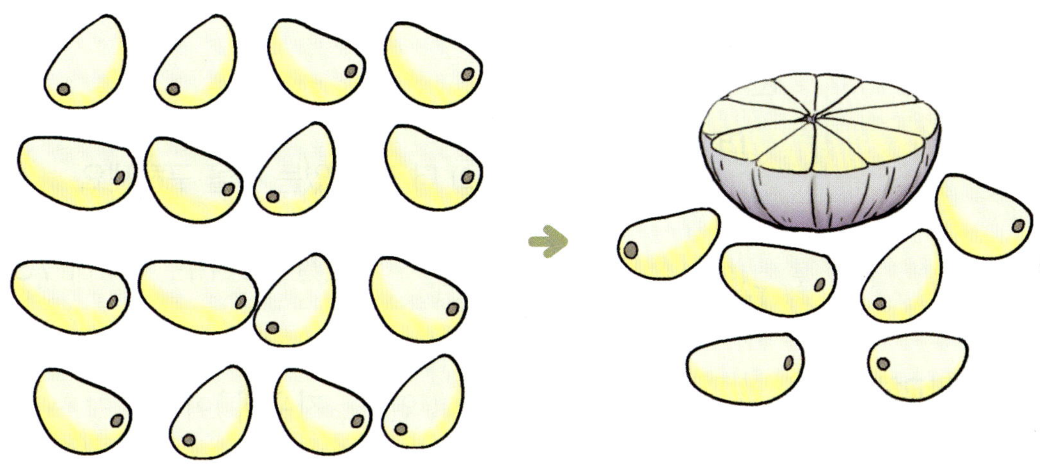

낱개로 16쪽은 10쪽짜리 ☐ 톨과 낱개 6쪽

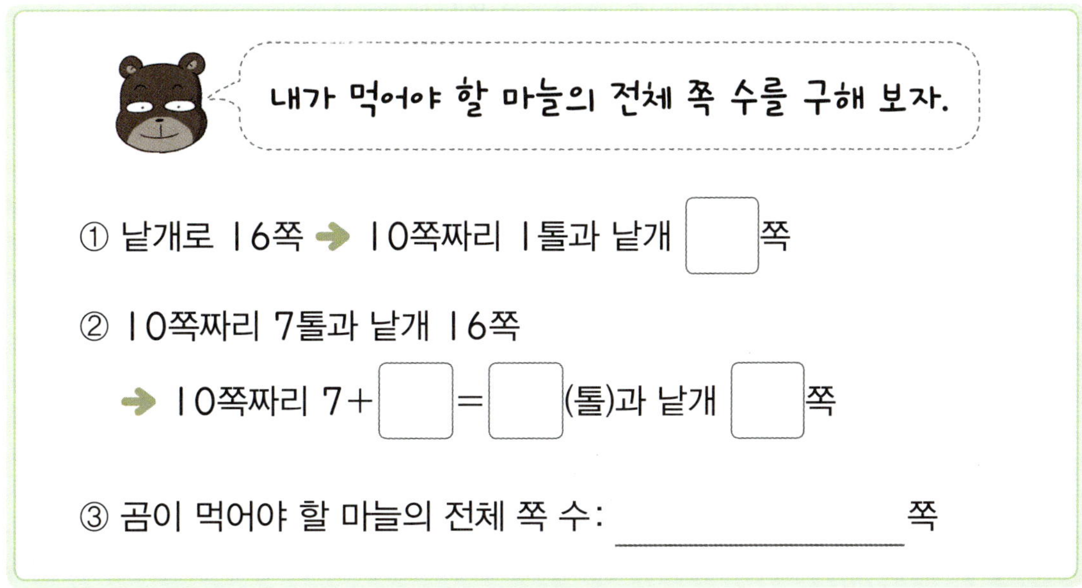

① 낱개로 16쪽 ➡ 10쪽짜리 1톨과 낱개 ☐ 쪽

② 10쪽짜리 7톨과 낱개 16쪽

➡ 10쪽짜리 7+☐ = ☐ (톨)과 낱개 ☐ 쪽

③ 곰이 먹어야 할 마늘의 전체 쪽 수: _____________ 쪽

{ 문제 해결력 기르기 }

① 수의 크기 비교하기

선행 문제 해결 전략

• 말의 표현에 따라 찾아야 하는 수 알아보기

더 많이	더 적게
순서가 늦은	순서가 빠른
더 나중에	더 먼저
↓	↓
더 큰 수	더 작은 수

참고 수의 크기 비교하는 방법
① 10개씩 묶음의 수가 큰 쪽이 더 큰 수이다.
② 10개씩 묶음의 수가 같으면
　낱개의 수가 큰 쪽이 더 큰 수이다.

선행 문제 ①

(1) 더 많이 있는 것을 구하세요.

> 사과 63개, 배 69개

풀이 63<69이므로 더 많이 있는 것은
(사과 , 배)이다.

(2) 더 적게 있는 것을 구하세요.

> 연필 78자루, 지우개 73개

풀이 78>73이므로 더 적게 있는 것은
(연필 , 지우개)이다.

실행 문제 ①

동화책을 서연이는 59쪽, 승현이는 53쪽 읽었습니다./
동화책을 더 많이 읽은 사람은 누구인가요?

❶ 크기 비교하기: 59 ◯ 53

전략 '더 많이'이므로 더 큰 수를 찾자.

❷ 동화책을 더 많이 읽은 사람 :

답 ＿＿＿＿＿＿＿＿

쌍둥이 문제 1-1

줄넘기를 보라는 88번, 연두는 85번 했습니다./
줄넘기를 더 적게 한 사람은 누구인가요?

실행 문제 따라 풀기

❶

❷

답 ＿＿＿＿＿＿＿＿

② 낱개의 수가 10보다 큰 수 구하기

선행 문제 해결 전략

예) 낱개 12개를 10개씩 묶음과 낱개로 나타내기

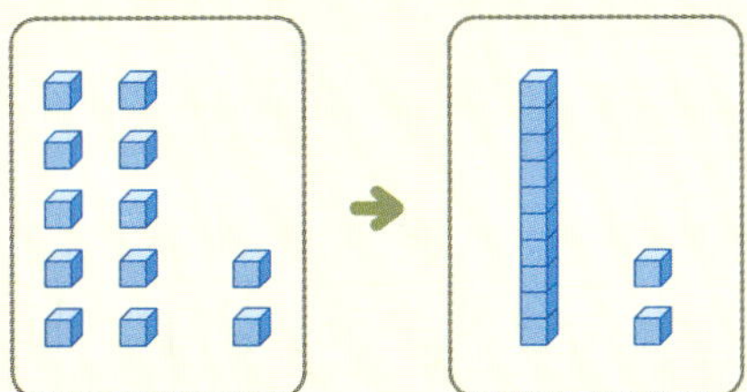

**낱개 12개는
10개씩 묶음 1개와 낱개 2개와 같다.**

선행 문제 ②

주어진 낱개의 수를 10개씩 묶음의 수와 낱개의 수로 나타내세요.

(1) 낱개 17개

➜ 10개씩 묶음 ☐개와 낱개 ☐개

(2) 낱개 28개

➜ 10개씩 묶음 ☐개와 낱개 ☐개

실행 문제 ②

10개씩 묶음 6개와 낱개 13개인 수를 쓰세요.

[전략] 낱개 13개를 10개씩 묶음의 수와 낱개의 수로 나타내자.

❶ 낱개 13개 ➜ 10개씩 묶음 ☐개와 낱개 3개

❷

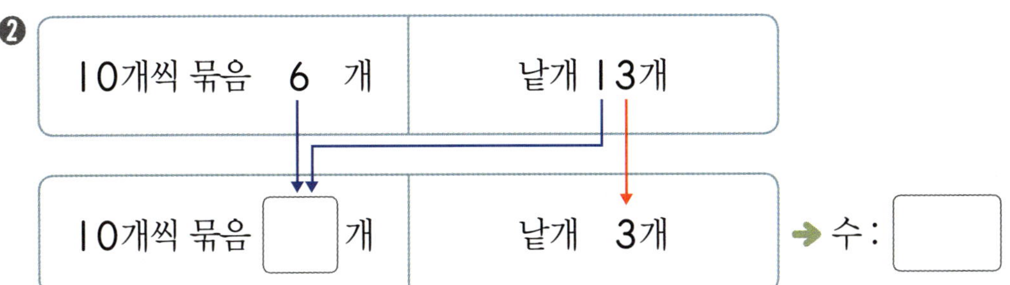

 답 ___________

{ 문제 **해결력** 기르기 }

③ ■가 될 수 있는 수 구하기

해결 전략

예 1부터 9까지의 수 중에서 ■가 될 수 있는 수 구하기

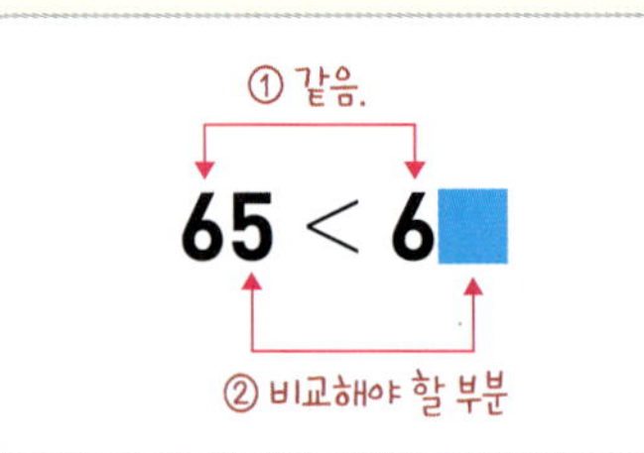

① **10개씩 묶음의 수가 같다.**
② **낱개의 수**의 크기를 비교한다.
  ➜ 5<■이므로
    ■는 5보다 큰 수인 6, 7, 8, 9
    가 될 수 있다.

선행 문제 ③

1부터 9까지의 수 중에서 ■가 될 수 있는 수를 모두 구하세요.

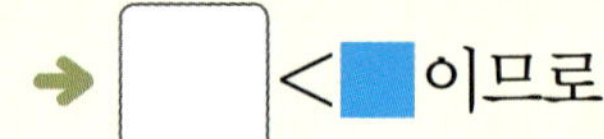

풀이

① 10개씩 묶음의 수가 (같다 , 다르다).

② 낱개의 수의 크기 비교하기
  ➜ ☐<■이므로
    ■가 될 수 있는 수는 ☐ , ☐
    이다.

실행 문제 ③

1부터 9까지의 수 중에서/
■가 될 수 있는 수를 모두 구하세요.

74>7■

❶ 10개씩 묶음의 수가 (같다 , 다르다).

❷ 낱개의 수의 크기 비교하기 : ☐>■

전략 위 ❷에서 구한 범위에 맞는 ■를 모두 찾자.

❸ ■가 될 수 있는 수 : ☐ , ☐ , ☐

답 _______________________

④ 어떤 수 구하기

• 두 수의 관계를 거꾸로 생각하여 수 구하기

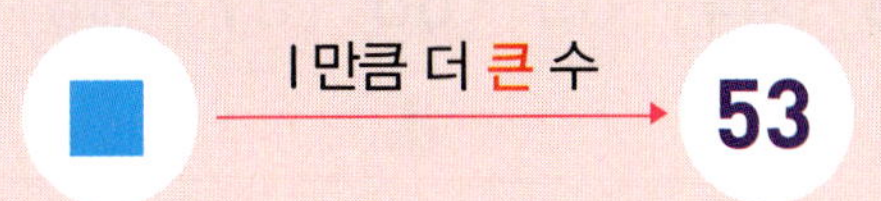

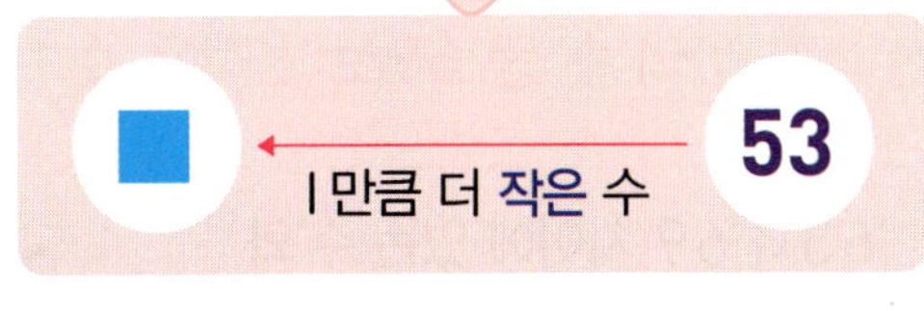

➜ ■=52

선행 문제 ④

■에 알맞은 수를 구하세요.

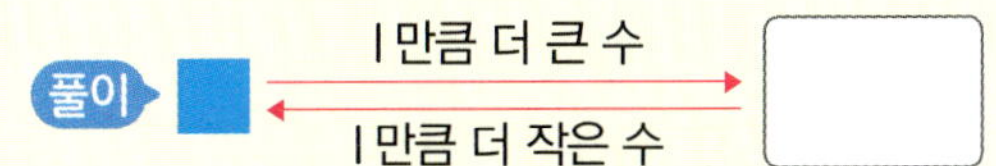

풀이 ■ ← Ⅰ만큼 더 큰 수 → ☐
        Ⅰ만큼 더 작은 수

■는 83보다 Ⅰ만큼 더 (작은 , 큰) 수이

므로 ■ = ☐ 이다.

실행 문제 ④

모르는 수
어떤 수보다 Ⅰ만큼 더 큰 수는 79입니다./
어떤 수를 구하세요.

❶ 어떤 수   Ⅰ만큼 더 큰 수   ☐
            Ⅰ만큼 더 작은 수

❷ 어떤 수는
   79보다 Ⅰ만큼 더 (작은 , 큰) 수

전략 위 ❷에서 설명한 어떤 수를 수로 나타내자.

❸ 어떤 수는 ☐

답 _______________

쌍둥이 문제 ④-1

어떤 수보다 Ⅰ만큼 더 큰 수는 6Ⅰ입니다./
어떤 수를 구하세요.

실행 문제 따라 풀기

❶

❷

❸

답 _______________

100까지의 수

⑤ 범위에 포함되는 수 구하기

해결 전략

예 **63**과 **69** 사이에 있는 수 구하기

63부터 69까지 순서대로 쓰기

63 – 64 – 65 – 66 – 67 – 68 – 69

63과 69 사이에 있는 수

63 – 64 – 65 – 66 – 67 – 68 – 69

63과 69 사이에 있는 수에는
63과 69가 포함되지 않아.

예 **63**보다 크고 **69**보다 작은 수 구하기

① **63**보다 큰 수

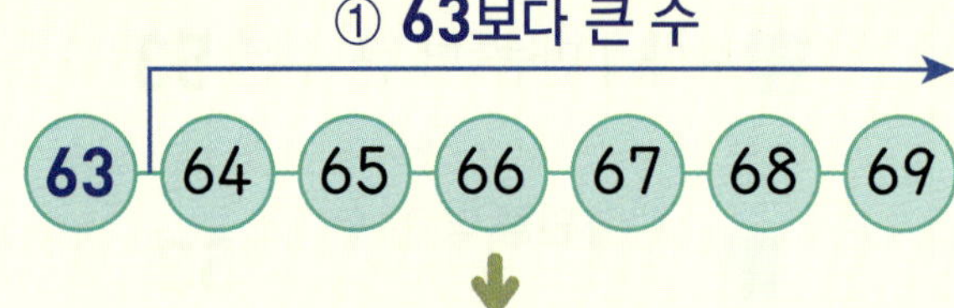

63 – 64 – 65 – 66 – 67 – 68 – 69

63 – 64 – 65 – 66 – 67 – 68 – 69

② ①의 수 중 **69**보다 작은 수

'63과 69 사이에 있는 수'와
'63보다 크고 69보다 작은 수'는
표현은 다르지만 같은 수들을 나타내.

실행 문제 5-1

87과 92 사이에 있는 수를 모두 쓰세요.

❶ 87부터 92까지 순서대로 쓰기 :

☐, ☐, ☐, ☐,

☐, ☐

❷ 87과 92 사이에 있는 수 :

☐, ☐, ☐, ☐

답 _______________

실행 문제 5-2

75보다 크고 79보다 작은 수를 모두 쓰세요.

❶ 75보다 큰 수를 순서대로 쓰기 :

76, ☐, ☐, ☐ ……

❷ 위 ❶의 수 중 79보다 작은 수를 쓰기 :

☐, ☐, ☐

답 _______________

6 수 카드로 몇십몇 만들기

해결 전략

· [1], [2], [3] 중 두 수를 골라 한 번씩만 사용하여 몇십몇 만들기

먼저 10개씩 묶음의 수를 정하고 나머지 수를 낱개의 수 자리에 한 번씩 써.

(1) **10개씩 묶음의 수가 1인 몇십몇 :**
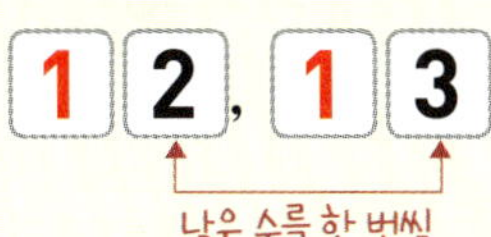
남은 수를 한 번씩

(2) **10개씩 묶음의 수가 2인 몇십몇 :**
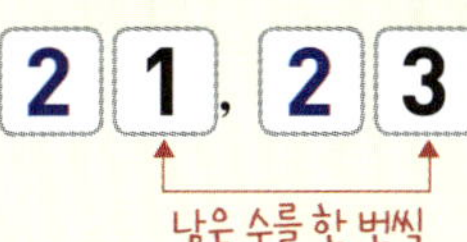
남은 수를 한 번씩

(3) **10개씩 묶음의 수가 3인 몇십몇 :**
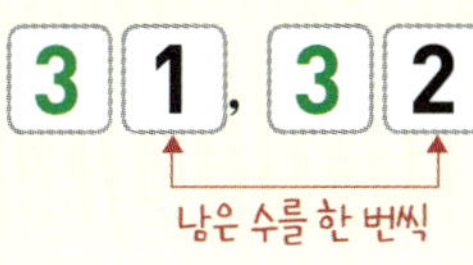
남은 수를 한 번씩

선행 문제 6

수 카드를 한 번씩만 사용하여 만들 수 있는 몇십몇을 모두 쓰세요.

풀이

① 10개씩 묶음의 수가 4인 몇십몇 :

② 10개씩 묶음의 수가 7인 몇십몇 :

[7] [ ]

실행 문제 6

수 카드 2장을 골라/ 한 번씩만 사용하여 만들 수 있는 몇십몇을 모두 쓰세요.

[2] [3] [4]

전략 한 장씩 10개씩 묶음의 수 자리에 놓아가며 몇십몇을 만들자.

❶ 10개씩 묶음의 수가 2인 몇십몇 : [2] [ ] , [2] [ ]

❷ 10개씩 묶음의 수가 3인 몇십몇 : [3] [ ] , [3] [ ]

❸ 10개씩 묶음의 수가 4인 몇십몇 : [ ] [ ] , [ ] [ ]

  답 ___________________________

{ 수학 **사고력** 키우기 }

😊 수의 크기 비교하기

ⓒ 연계학습 006쪽

대표 문제 ❶

놀이공원에 지석이네 가족은 **7I**번째로, /
성민이네 가족은 **64**번째로 입장했습니다. /
어느 가족이 놀이공원에 더 먼저 입장했나요?

😊 **구하려는 것은?**

놀이공원에 더 먼저 입장한 가족

😊 **주어진 것은?**

입장한 순서 ➡ 지석이네 가족 : [ ]번째, 성민이네 가족: 64번째

😊 **해결해 볼까?**

❶ 두 수의 크기를 비교하면?

전략 10개씩 묶음의 수가 큰 쪽이 더 큰 수이다.

답 7I ◯ 64

❷ 놀이공원에 더 먼저 입장한 가족은?

전략 '더 먼저'이므로 더 작은 수를 찾자.

답 [ ]이네 가족

쌍둥이 문제 1-1

예슬이네 가족이 받은 음식점 번호표는 **92**번, /
수진이네 가족은 **82**번입니다. /
어느 가족이 번호표를 더 나중에 받았나요?

😊 **대표 문제 따라 풀기**

❶

❷

답 [ ]이네 가족

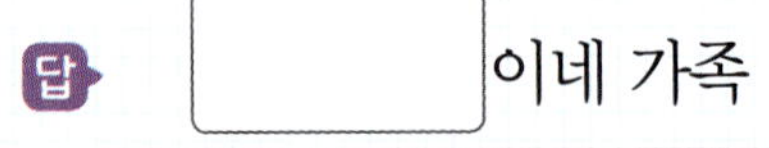

1 · 100까지의 수

🙂 낱개의 수가 10보다 큰 수 구하기

ⓒ 연계학습 007쪽

대표 문제 2

곳감이 10개씩 묶음 5개와 낱개로 24개 있습니다. /
곳감은 모두 몇 개인가요?

어떻게 풀까?

1️⃣ **낱개 10개는 10개씩 묶음 1개와 같다**는 것을 이용하여 전체 곳감의 수를 10개씩 묶음과 낱개의 수로 한 번에 나타낸 후,

2️⃣ 수로 바꾸어 나타내자.

해결해 볼까?

❶ ☐ 안에 알맞은 수를 써넣기

[전략] 10개씩 묶음 5개와 낱개 24개를 10개씩 묶음의 수와 낱개의 수로 나타내자.

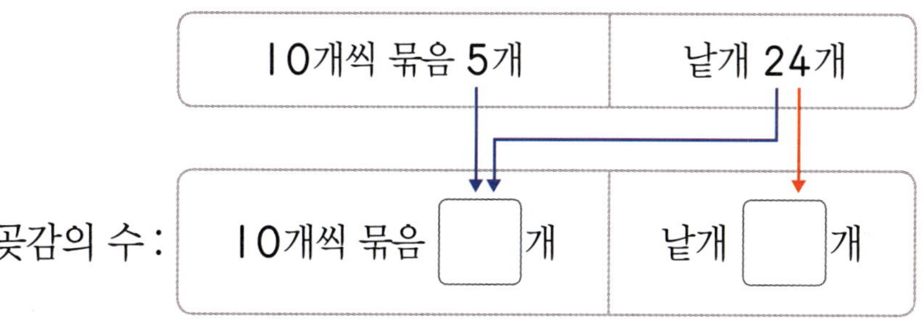

10개씩 묶음 5개	낱개 24개

곳감의 수 : 10개씩 묶음 ☐ 개 ｜ 낱개 ☐ 개

❷ 곳감은 모두 몇 개?

답 ________________

쌍둥이 문제 2-1

지우개가 10개씩 묶음 6개와 낱개로 37개 있습니다. /
지우개는 모두 몇 개인가요?

대표 문제 따라 풀기

❶

❷

답 ________________

{ 수학 사고력 키우기 }

■가 될 수 있는 수 구하기

연계학습 008쪽

대표 문제 3

Ⅰ부터 9까지의 수 중에서/
■가 될 수 있는 수는 모두 몇 개인가요?

$$7\blacksquare < 73$$

구하려는 것은? ■가 될 수 있는 수의 개수

해결해 볼까?

❶ 낱개의 수의 크기를 비교하면?

〔전략〕 10개씩 묶음의 수가 같을 때는 낱개의 수의 크기를 비교하자.

답 ■ ◯ 3

❷ ■가 될 수 있는 수를 모두 쓰면?

〔전략〕 위 ❶에서 구한 범위에 맞는 ■를 모두 찾자.

답

❸ ■가 될 수 있는 수는 모두 몇 개?

답

1 100까지의 수

쌍둥이 문제 3-1

Ⅰ부터 9까지의 수 중에서/
■가 될 수 있는 수는 모두 몇 개인가요?

$$8\blacksquare > 86$$

대표 문제 따라 풀기

❶

❷

❸

답

어떤 수 구하기

연계학습 009쪽

대표 문제 4

어떤 수보다 1만큼 더 작은 수는 60입니다. /
어떤 수를 구하세요.

어떻게 풀까?

(어떤 수보다 1만큼 더 작은 수)=60
➡ (어떤 수)=(60보다 1만큼 더 [?] 수)에서 [?]를 알아보자.

해결해 볼까?

❶ ☐ 안에 '어떤 수' 또는 '60'을 알맞게 써넣기

1만큼 더 큰 수

1만큼 더 작은 수

❷ 알맞은 말에 ○표 하기

어떤 수는 60보다 1만큼 더 (작은 , 큰) 수

❸ 어떤 수를 구하면?

전략 위 ❷에서 설명한 어떤 수를 수로 나타내자.

답 ______________

쌍둥이 문제 4-1

어떤 수보다 1만큼 더 작은 수는 89입니다. /
어떤 수를 구하세요.

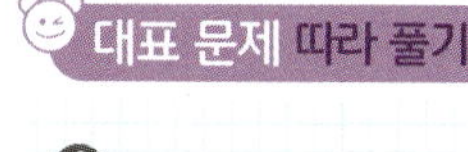

대표 문제 따라 풀기

❶

❷

❸

답 ______________

{ 수학 **사고력** 키우기 }

범위에 포함되는 수 구하기

연계학습 010쪽

대표 문제 5

설명을 모두 만족하는 수는 몇 개인가요?

- 65와 73 사이에 있는 수입니다.
- 짝수입니다.

구하려는 것은? 설명을 모두 만족하는 수의 개수

어떻게 풀까?

① 65와 73 사이에 있는 수를 모두 구하고,

② 위 ①에서 구한 수 중 짝수를 찾아 그 개수를 세자.

해결해 볼까?

❶ 65와 73 사이에 있는 수를 모두 쓰면?

전략 65보다 1만큼 더 큰 수부터 73보다 1만큼 더 작은 수까지 쓰자.

답 ____________________________________

❷ 위 ❶에서 구한 수 중에서 짝수를 모두 찾아 쓰면?

답 ____________________________________

❸ 설명을 모두 만족하는 수는 몇 개?

전략 위 ❷에서 답한 수의 개수를 세자.

답 ________________

쌍둥이 문제 5-1

설명을 모두 만족하는 수는 몇 개인가요?

- 89보다 크고 96보다 작은 수입니다.
- 홀수입니다.

대표 문제 따라 풀기

❶

❷

❸

답 ________________

수 카드로 몇십몇 만들기

연계학습 011쪽

대표 문제 6

수 카드 2장을 골라/ 한 번씩만 사용하여 만들 수 있는 몇십몇은/ 모두 몇 개인가요?

어떻게 풀까?

1 수 카드를 한 장씩 10개씩 묶음의 수 자리에 놓고, 나머지 수 카드를 낱개의 수 자리에 한 번씩 놓아 몇십몇을 만든 후,

2 위 1에서 만든 몇십몇의 개수를 세자.

해결해 볼까?

❶ 주어진 수 카드로 만들 수 있는 몇십몇을 모두 쓰면?

전략 > 한 장씩 10개씩 묶음의 수 자리에 놓아가며 몇십몇을 만들자.

10개씩 묶음의 수가 1인 몇십몇 : ☐☐ , ☐☐

10개씩 묶음의 수가 5인 몇십몇 : ☐☐ , ☐☐

10개씩 묶음의 수가 8인 몇십몇 : ☐☐ , ☐☐

❷ 주어진 수 카드로 만들 수 있는 몇십몇은 모두 몇 개?

전략 > 위 ❶에서 구한 몇십몇의 개수를 세자.

답 

1
100까지의 수

쌍둥이 문제 6-1

수 카드 2장을 골라/ 한 번씩만 사용하여 만들 수 있는 몇십몇은/ 모두 몇 개인가요?

대표 문제 따라 풀기 

❶

❷

답 

{ 수학 독해력 완성하기 }

😊 남은 수 구하기

독해 문제 1

소윤이는 색종이를 68장 갖고 있습니다. /
이 중에서 10장씩 묶음 2개를 사용했다면 /
남은 색종이는 몇 장인가요?

구하려는 것은? 사용하고 남은 색종이의 수

주어진 것은?
- 처음에 갖고 있던 색종이의 수 : ☐ 장
- 사용한 색종이의 수 : 10장씩 묶음 2개

어떻게 풀까?
1 처음에 갖고 있던 색종이의 수를 10장씩 묶음과 낱개의 수로 나타내고,
2 10장씩 묶음의 수끼리 계산하여 남은 색종이의 수를 구하자.

해결해 볼까?

❶ 68장을 10장씩 묶음의 수와 낱개의 수로 나타내면?

답 10장씩 묶음 ☐ 개와 낱개 ☐ 장

❷ 사용하고 남은 색종이의 수를 10장씩 묶음의 수와 낱개의 수로 나타내면?

전략 위 ❶에서 나타낸 10장씩 묶음의 수에서 2개를 빼자.

답 10장씩 묶음 ☐ 개와 낱개 ☐ 장

❸ 남은 색종이는 몇 장?

답 

수 카드로 몇십몇 만들기

연계학습 017쪽

독해 문제 2

수 카드 2장을 골라/ 한 번씩만 사용하여 만들 수 있는 몇십몇 중에서/
홀수는 모두 몇 개인가요?

구하려는 것은? 수 카드로 만들 수 있는 몇십몇 중 홀수의 개수

주어진 것은? 수 카드 : 

어떻게 풀까?
1 수 카드를 한 장씩 10개씩 묶음의 수 자리에 놓고, 나머지 수 카드를 낱개의 수 자리에 한 번씩 놓아 몇십몇을 만든 후,
2 위 1에서 만든 몇십몇 중 둘씩 짝을 지을 때 남는 것이 있는 수를 모두 찾아 그 개수를 세자.

해결해 볼까?

❶ 주어진 수 카드로 만들 수 있는 몇십몇을 모두 쓰면?

답 ___________________

❷ 위 ❶에서 구한 수 중 홀수를 모두 쓰면?

답 ___________________

❸ 주어진 수 카드로 만들 수 있는 몇십몇 중 홀수는 모두 몇 개?

답 ___________________

100까지의 수

{ 수학 독해력 완성하기 }

■가 될 수 있는 수 구하기

연계학습 014쪽

독해 문제 3

I부터 9까지의 수 중에서/
■가 될 수 있는 수는 모두 몇 개인가요?

$$77 < \blacksquare 9$$

구하려는 것은? ■가 될 수 있는 수의 개수

주어진 것은? $77 < \blacksquare 9$

어떻게 풀까?
1 ■가 **10개씩 묶음의 수가 같을 때**부터 될 수 있는지 구한 후,
2 ■가 될 수 있는 수를 모두 써서 그 개수를 세자.

해결해 볼까?

❶ I0개씩 묶음의 수를 같게 하여 수의 크기를 비교하면?

[전략] ■가 7일 때 두 수의 크기를 비교하자.

답 77 ◯ 7 9

❷ 알맞은 말에 ◯표 하기

[전략] 주어진 문제와 위 ❶은 모두 왼쪽 수 77이 오른쪽 수보다 작다.

■는 7이 될 수 (있다 , 없다).

❸ ■가 될 수 있는 수를 모두 쓰면?

답 ______________________

❹ ■가 될 수 있는 수는 모두 몇 개?

답 ______________________

범위에 포함되는 수 구하기

연계학습 016쪽

독해 문제 4

설명을 모두 만족하는 수는 몇 개인가요?

> • 67과 75 사이에 있는 수입니다.
> • 10개씩 묶음의 수가 낱개의 수보다 큽니다.

구하려는 것은? 설명을 모두 만족하는 수의 개수

주어진 것은?
• 67과 ☐ 사이에 있는 수
• 10개씩 묶음의 수가 낱개의 수보다 (작다 , 크다).

어떻게 풀까?
1 67과 75 사이에 있는 수를 모두 구하고,
2 위 1 에서 구한 수 중 10개씩 묶음의 수가 낱개의 수보다 큰 수를 찾아 그 개수를 세자.

해결해 볼까?

❶ 67과 75 사이에 있는 수를 모두 쓰면?

 답 ________________________________

❷ 위 ❶에서 구한 수 중에서 10개씩 묶음의 수가 낱개의 수보다 큰 수를 모두 찾아 쓰면?

[전략] (10개씩 묶음의 수)>(낱개의 수)인 수를 찾자.

 답 ________________________________

❸ 설명을 모두 만족하는 수는 몇 개?

답 ________________________________

{ 창의·융합·코딩 체험하기 }

창의 ① 영화관 안의 모습입니다./
의자는 모두 몇 개인가요?

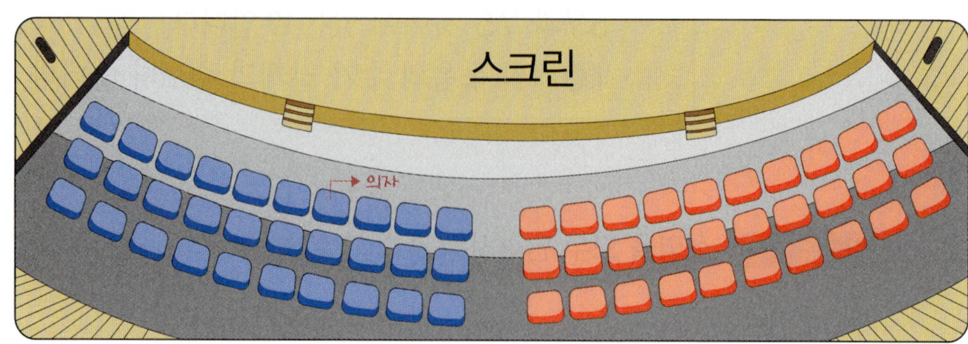

답 ____________________

창의 ② [보기]와 같이 그림을 이용하여/ 몇십몇을 넣은 문장을 만들어 보세요.

답 ____________________

창의 3 수빈이는 [보기]와 같이 구슬을 꿰어 팔찌를 만들려고 합니다. /
구슬을 모두 사용하여 만들 수 있는 팔찌는 몇 개인가요?

답 _________________________

코딩 4 시작하기 버튼을 클릭했을 때 /
로봇이 말해야 할 수를 쓰세요.

(1)

(2)

{ 창의·융합·코딩 **체험**하기 }

창의 5 순서대로 이어 그림을 완성하세요.

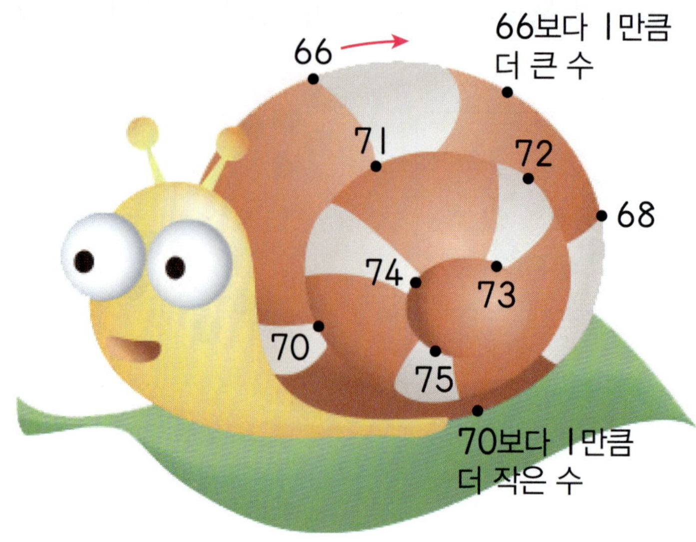

[**창의 6 ~ 7**] 수 퍼즐을 만들어 퍼즐 맞추기 놀이를 하고 있습니다. /
완성된 퍼즐처럼 하나의 수로 맞춰지도록 / 빈 곳에 알맞게 써넣으세요.

완성 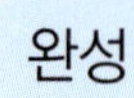

창의 6 
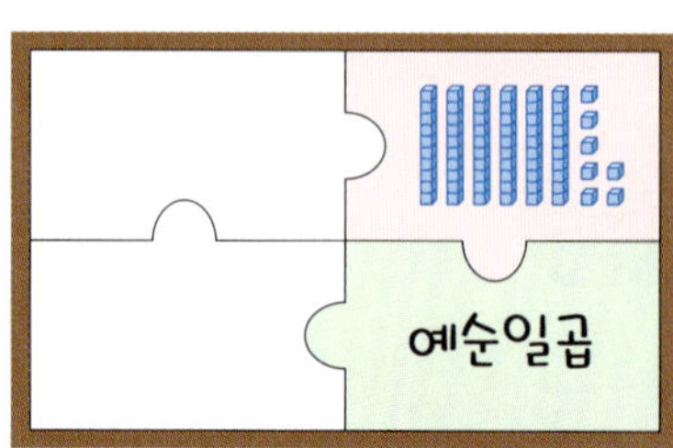

창의 7 

[코딩 8 ~ 9] 장기판 위에 흰색 돌과 검은색 돌을 놓는 코딩 프로그램입니다./
물음에 답하세요.

코딩 8 다음 상태에서 시작하기 버튼을 클릭했을 때/
흰색 돌과 검은색 돌의 수가 각각 짝수가 되려면/
㉠에는 어떤 색으로 입력해야 하나요?

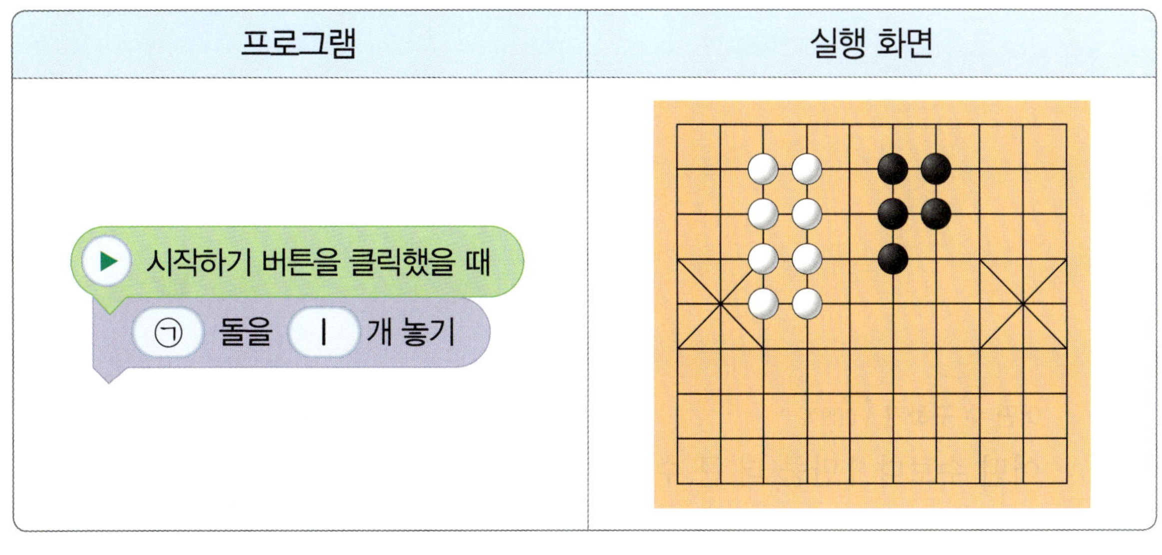

답 ______________________

코딩 9 다음 상태에서 시작하기 버튼을 클릭했을 때/
흰색 돌은 모두 몇 개가 되나요?

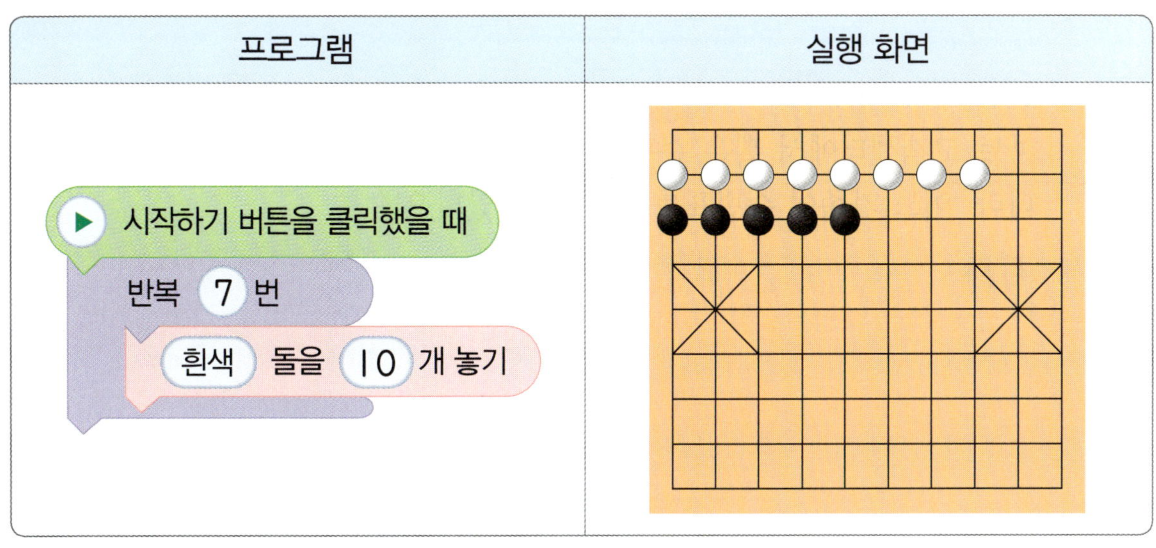

답 ______________________

100까지의 수

실전 마무리 하기

맞힌 문제 수

개 /10개

수의 크기 비교하기 006쪽

1 딸기를 현아가 **77**개 땄고, 지현이가 **74**개 땄습니다. 딸기를 더 많이 딴 사람은 누구인가요?

풀이 ▶

답 _______________

어떤 수 구하기 009쪽

2 어떤 수보다 **1**만큼 더 큰 수는 **98**입니다. 어떤 수를 구하세요.

풀이 ▶

답 _______________

수의 크기 비교하기 012쪽

3 마트 고객센터에서 뽑은 순번표가 하린이네 가족은 **73**번, 진영이네 가족은 **69**번입니다. 어느 가족이 순번표를 더 먼저 뽑았나요?

풀이 ▶

답 ⬚ 이네 가족

낱개의 수가 10보다 큰 수 구하기 013쪽

4 색종이가 10장씩 묶음 7개와 낱개로 18장 있습니다. 색종이는 모두 몇 장인가요?

풀이

답 _______________

■가 될 수 있는 수 구하기 014쪽

5 1부터 9까지의 수 중에서 ■가 될 수 있는 수는 모두 몇 개인가요?

풀이

답 _______________

어떤 수 구하기 015쪽

6 어떤 수보다 1만큼 더 작은 수는 74입니다. 어떤 수를 구하세요.

풀이

답 

100까지의 수

1

범위에 포함되는 수 구하기 ⟲016쪽

7 설명을 모두 만족하는 수는 몇 개인가요?

> • 57과 68 사이에 있는 수입니다.
> • 홀수입니다.

풀이▶

답 ____________________

수 카드로 몇십몇 만들기 ⟲017쪽

8 수 카드 2장을 골라 한 번씩만 사용하여 만들 수 있는 몇십몇은 모두 몇 개인가요?

  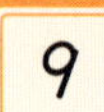

풀이▶

답 ____________________

남은 수 구하기  018쪽

9 판매대에 있는 생선은 72마리입니다. 이 중에서 10마리씩 5묶음을 팔았다면 남은 생선은 몇 마리인가요?

풀이

답 ___________________

수 카드로 몇십몇 만들기  019쪽

10 수 카드 2장을 골라 한 번씩만 사용하여 만들 수 있는 몇십몇 중에서 짝수는 모두 몇 개인가요?

풀이

답 ___________________

100까지의 수

29

덧셈과 뺄셈(1)

FUN 한 이야기

정연이는 강아지들에게 개껌을 주려고 준비해 왔어요.
얘들아~ 개껌 줄게~
척
멍멍
멍
10개

강아지들이 개껌을 받으려고 기다리고 있어요.
한 줄로 서면 차례로 하나씩 줄게~
예쁘다 줄도 잘 서고~
10개

정연이가 개껌을 하나씩 주었지요.

모든 강아지에게 하나씩 주고 남은 개껌은 몇 개인가요?
넌 아까 받아 가지 않았니?
아… 아닌데?
10개

정연이는 강아지들에게 개껌을 하나씩 나누어 주었어요. /

준비해 온 개껌은 10개이고, 강아지는 7마리예요. /

강아지들에게 나누어 주고 남은 개껌은 몇 개인가요?

답 _________________ 개

{ 문제 **해결력** 기르기 }

1 세 수의 계산의 활용

선행 문제 해결 전략

• 말의 표현에 따라 알맞은 식 만들기

> **모두, 합 → 세 수의 덧셈**
>
> 농구공 **2**개, 테니스공 **3**개, 축구공 **1**개가 있습니다. 공은 **모두** 몇 개인가요?
>
> **2 + 3 + 1**=6(개)

> **남는 것, 차 → 세 수의 뺄셈**
>
> 구슬이 **7**개 있었습니다. 동생이 **2**개를 **가져가고**, 언니가 **3**개를 **가져가면** **남는 것**은 몇 개인가요?
>
> **7 − 2 − 3**=2(개)

참고 세 수의 덧셈, 뺄셈은 앞의 두 수를 계산한 다음 나머지 한 수를 계산한다.

선행 문제 1

문제에 알맞은 식을 만들어 보세요.

(1) 사과 **1**개, 귤 **2**개, 배 **3**개가 있습니다. 과일은 모두 몇 개인가요?

풀이 '모두 몇 개'인지 구해야 하므로 세 수의 덧셈식을 만든다.

→ 1 ◯ 2 ◯ 3

(2) 사탕 **9**개 중에서 민지가 **1**개, 선우가 **3**개 먹었습니다. 남은 것은 몇 개인가요?

풀이 '남은 것은 몇 개'인지 구해야 하므로 세 수의 뺄셈식을 만든다.

→ 9 ◯ 1 ◯ 3

실행 문제 1

책꽂이에/ 동화책이 4권,/ 만화책이 2권,/ 위인전이 3권/ 꽂혀 있습니다./
책꽂이에 꽂혀 있는 책은/ 모두 몇 권인가요?

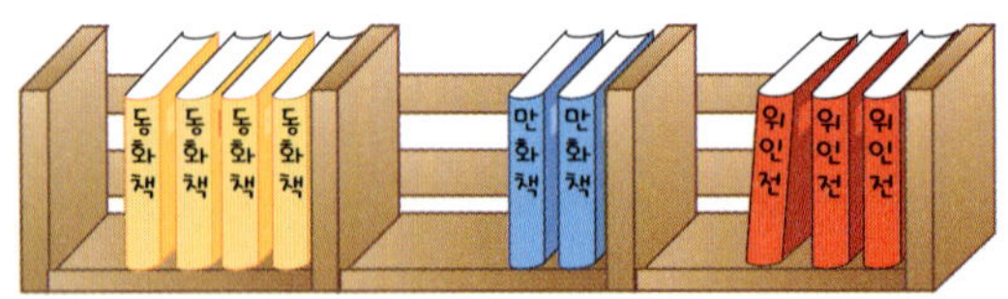

❶ '모두 몇 권'인지 구해야 하므로 세 수의 (덧셈식 , 뺄셈식)을 만든다.

❷ (책꽂이에 꽂혀 있는 책)=4 ◯ 2 ◯ 3=☐ (권)

답 ___________________

② 계산 결과의 크기 비교하기

해결 전략

예 누구의 사탕이 더 많은지 구하기

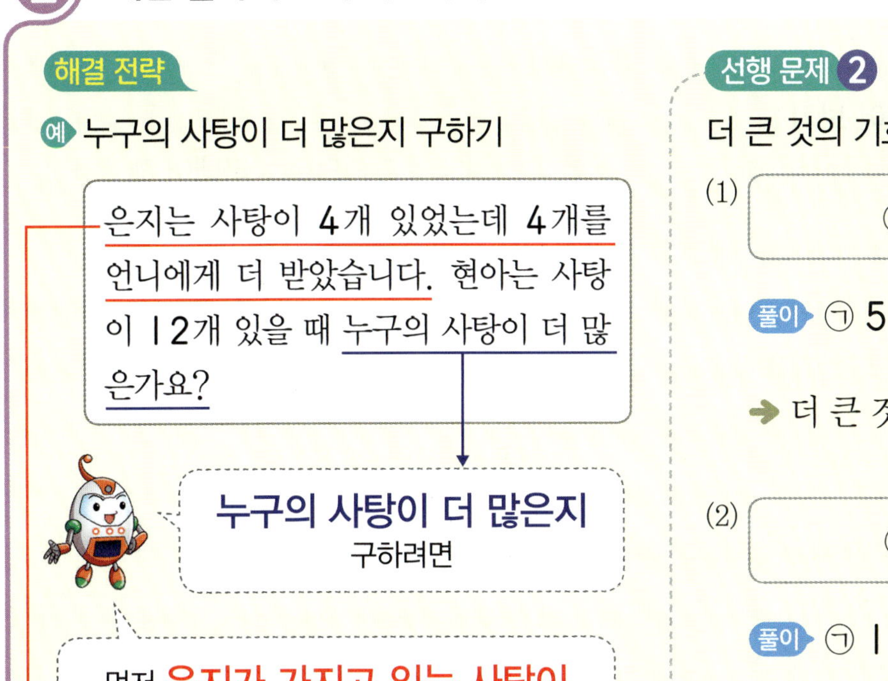

선행 문제 ②

더 큰 것의 기호를 쓰세요.

(1)

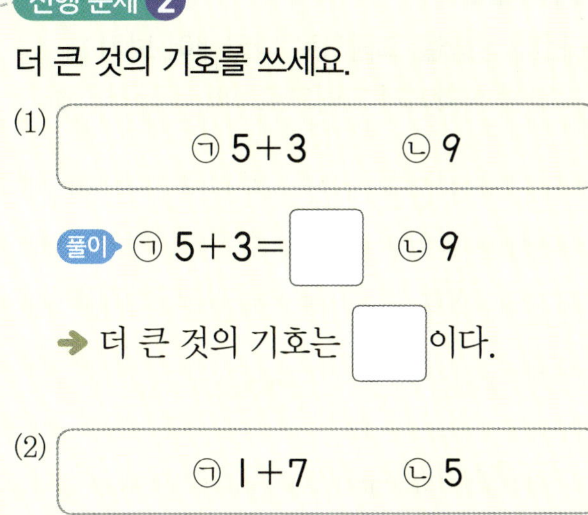

ㄱ 5+3   ㄴ 9

풀이 ㄱ 5+3=☐   ㄴ 9

➡ 더 큰 것의 기호는 ☐ 이다.

(2)

ㄱ 1+7   ㄴ 5

풀이 ㄱ 1+7=☐   ㄴ 5

➡ 더 큰 것의 기호는 ☐ 이다.

실행 문제 ②

주아는 종이비행기를 7개 가지고 있었는데 3개 더 접었고, /
종이배를 8개 가지고 있습니다. /
종이비행기와 종이배 중에서 / 어느 것이 더 많은가요?

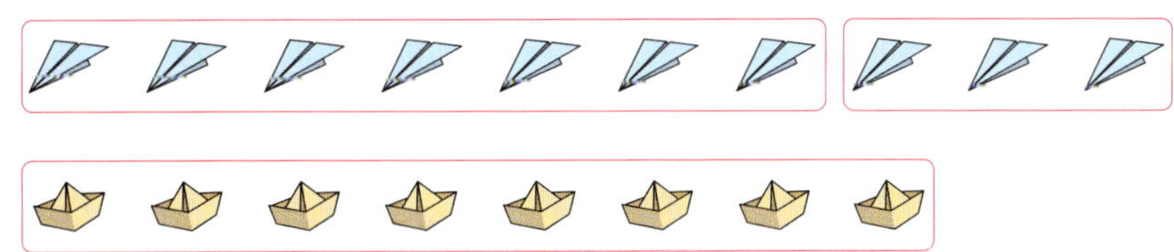

전략 (처음에 가지고 있던 종이비행기 수)+(더 접은 종이비행기 수)

❶ (종이비행기 수)=7+☐=☐(개)

전략 위 ❶에서 구한 종이비행기 수와 종이배 수의 크기를 >, <를 이용하여 나타내고 비교하자.

❷ ☐개 ◯ 8개이므로 (종이비행기 , 종이배)가 더 많다.

답 ____________________

{ 문제 **해결력** 기르기 }

③ 그림을 그려 문제 해결하기

해결 전략

• 문제 상황을 그림으로 나타내어 보기

예 덧셈 상황에서 그림으로 나타내어 해결하기

> 공책이 **3권** 있었는데 **공책 몇 권**을 선물 받았더니 모두 **7권**이 되었습니다. **선물 받은 공책**은 몇 권인가요?

① 처음에 있던 공책 **3권**을 ◯로 그리고,

② **7권**이 될 때까지 △를 이어서 그린다.

◯ ◯ ◯ △ △ △ △

➡ 이어서 그린 △는 4개이므로
선물 받은 공책은 **4권**이다.

예 뺄셈 상황에서 그림으로 나타내어 해결하기

> 귤이 **5개** 있었는데 **몇 개**를 먹었더니 **2개**가 남았습니다. **먹은 귤**은 몇 개인가요?

① 처음에 있던 귤 **5개**를 ◯로 그리고,

② ◯가 **2개** 남을 때까지 /으로 지운다.

∅ ∅ ∅ ◯ ◯

➡ /으로 지운 ◯는 3개이므로
먹은 귤은 **3개**이다.

실행 문제 ③

다람쥐가 2마리 있었는데/ 다람쥐 몇 마리가 놀러 와서/ 10마리가 되었습니다./
놀러 온 다람쥐는 몇 마리인가요?

전략 ◯를 2개 그리자.

❶ 처음에 있던 다람쥐 **2마리**를 ◯로 그리기

전략 10마리가 될 때까지 △를 이어서 그리자.

❷ 10마리가 될 때까지 위 ❶에 이어서 △ 그리기

전략 이어서 그린 △가 몇 개인지 알아보자.

❸ 놀러 온 다람쥐 수 : ☐ 마리

답 

④ 처음 수 구하기

• 계산 방법과 순서를 거꾸로 하여 처음 수 구하기

처음 수에서 2를 빼고 3을 빼면 1이 됩니다.

실행 문제 ④

35

선아는 가지고 있던 색종이 중에서/
2장은 친구에게 주고,/ 3장은 사용하였더니/ 4장이 남았습니다./
선아가 처음에 가지고 있던 색종이는/ 몇 장인가요?

전략 계산 방법과 순서를 거꾸로 하여 계산하자.

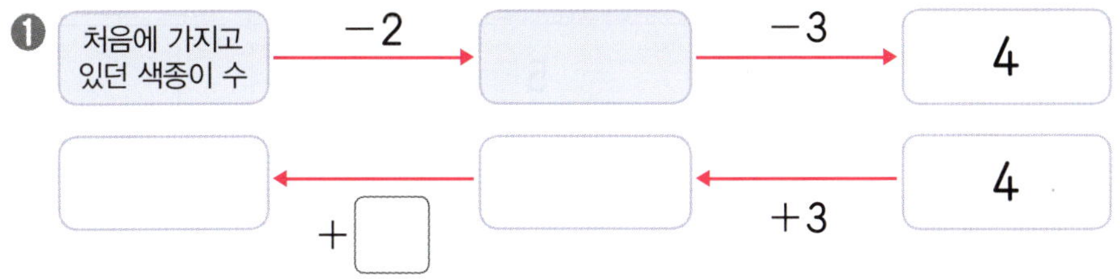

❷ 선아가 처음에 가지고 있던 색종이 수 : ☐ 장

답 ___________________

⑤ 모양에 알맞은 수 구하기

선행 문제 해결 전략

· 10이 되는 더하기 이용하기

$$3 + ■ = 10$$

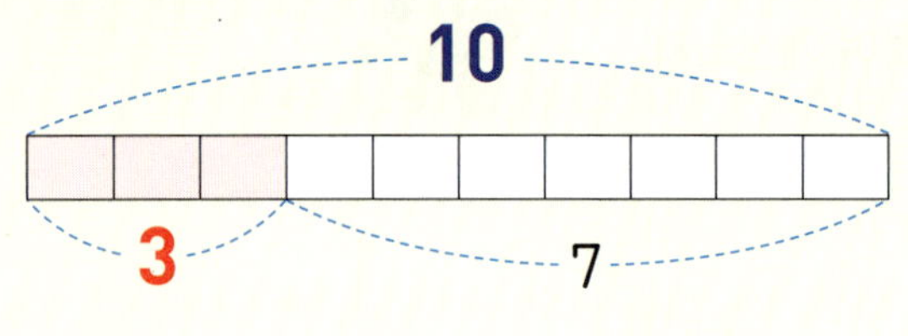

10

3   7

→ $3 + 7 = 10$이므로 ■ $= 7$이다.

선행 문제 ⑤

그림을 보고 ☐ 안에 알맞은 수를 써넣으세요.

(1)
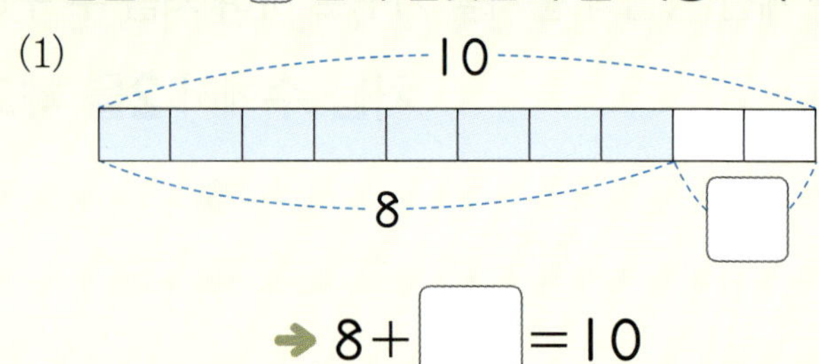
10
8

→ $8 + ☐ = 10$

(2)
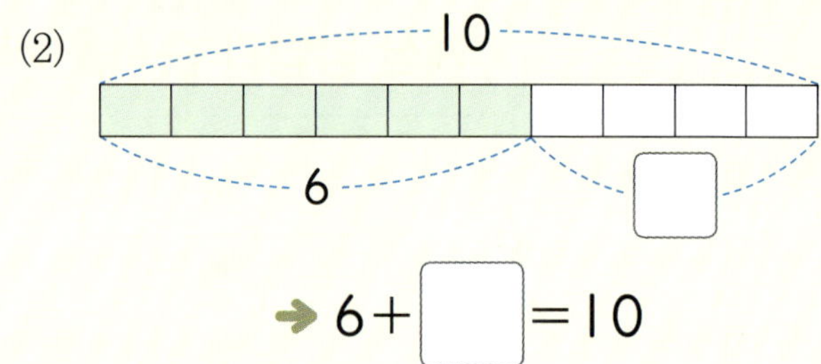
10
6

→ $6 + ☐ = 10$

36

실행 문제 ⑤

●에 알맞은 수를 구하세요.

· $2 + ■ = 10$
· $■ - 6 = ●$

❶
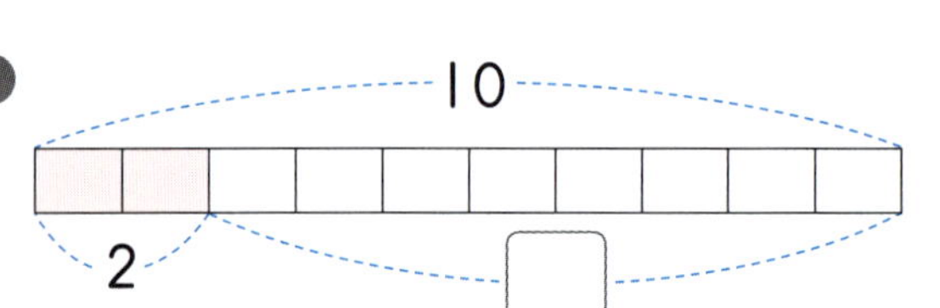
10
2

→ $2 + ☐ = 10$이므로 ■ $= ☐$ 이다.

전략 ▷ 위 ❶에서 구한 ■의 값을 $■ - 6 = ●$의 ■에
넣어 계산하자.

❷ $■ - 6 = ●$ → $☐ - 6 = ☐$

쌍둥이 문제 5-1

♥에 알맞은 수를 구하세요.

· $5 + ◆ = 10$
· $◆ + 2 = ♥$

실행 문제 따라 풀기

❶
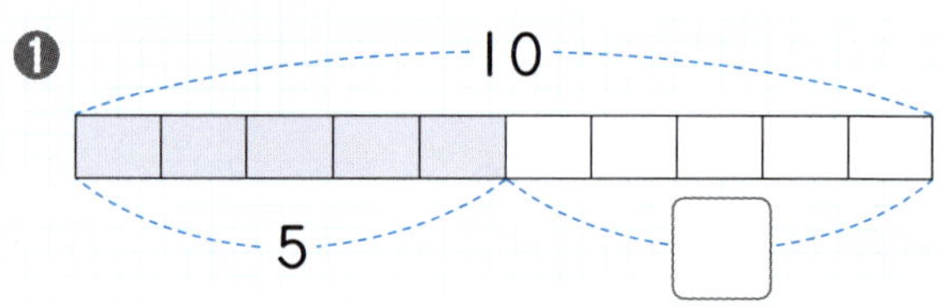
10
5

❷

답 _______________

답 _______________

❻ 수 카드를 사용하여 식 만들어 계산하기

선행 문제 해결 전략

• 수 카드 2장을 골라 두 수의 합 구하기

(1) 합이 가장 크게 되도록 두 수 더하기

➜ 2+3=5

(2) 합이 가장 작게 되도록 두 수 더하기

➜ 1+2=3

선행 문제 ❻

수 카드 2장을 골라/ 두 수의 합을 구하려고 합니다./ 합이 가장 크게 되는 두 수를 찾아 합을 구하세요.

풀이 ① 수의 크기를 비교하여 합이 가장 크게 되는 두 수를 찾아 ◯표 하기

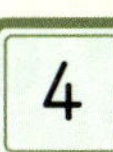

② 두 수의 합 구하기

□+□=□

실행 문제 ❻

수 카드 3장을 골라/ 세 수의 합을 구하려고 합니다./
나올 수 있는 합 중에서 가장 큰 수를 구하세요.

전략 수의 크기를 비교하여 큰 수부터 차례로 쓰자.

❶ 수의 크기 비교하기 : □ > □ > □ > □

전략 큰 순서대로 3개의 수를 찾자.

❷ 합이 가장 크게 되는 세 수 찾기 : □ , □ , □

❸ 합이 가장 큰 덧셈식 : □ + □ + □ = □

답 ________________________________

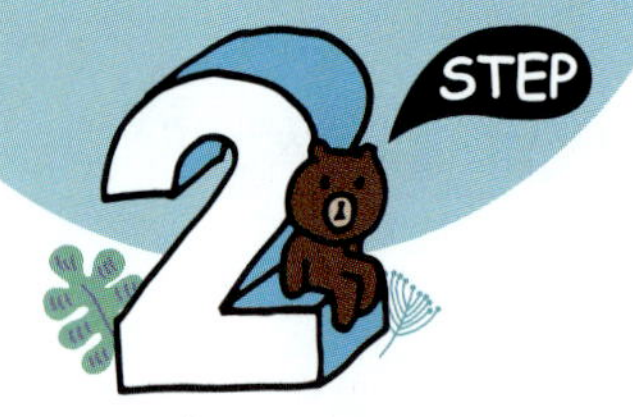

{ 수학 **사고력** 키우기 }

세 수의 계산의 활용

연계학습 032쪽

대표 문제 1

귤이 9개 있었는데/ 연주가 2개 먹고,/ 미진이가 3개 먹었습니다./
남은 귤은 몇 개인가요?

구하려는 것은?

남은 귤의 수

주어진 것은?

- 처음에 있던 귤의 수 : ☐ 개

- 연주가 먹은 귤의 수 : ☐ 개   • 미진이가 먹은 귤의 수 : ☐ 개

해결해 볼까?

❶ ◯ 안에 + 또는 −를 알맞게 써넣어 남은 귤의 수를 구하는 식 세우기

전략 세 수의 덧셈식을 세워야 할지, 뺄셈식을 세워야 할지 생각해 보자.

식 9 ◯ 2 ◯ 3 ___________

❷ 남은 귤은 몇 개?

전략 앞에서부터 차례로 계산하자.

답 ___________

쌍둥이 문제 1-1

민재는 풍선 7개를 가지고 있었는데/ 1개는 친구에게 주고,/ 2개는 터졌습니다./
민재에게 남은 풍선은 몇 개인가요?

대표 문제 따라 풀기

❶

❷

답 ___________

계산 결과의 크기 비교하기

연계학습 033쪽

대표 문제 2

민서는 공책을 10권 가지고 있었는데 동생에게 4권을 주었고, /
진우는 공책을 5권 가지고 있습니다. /
민서와 진우 중에서 / 공책을 더 많이 가지고 있는 사람은 누구인가요?

구하려는 것은?

민서와 진우 중에서 공책을 더 많이 가지고 있는 사람

어떻게 풀까?

공책을 더 많이 가지고 있는 사람을 구하려면
먼저 민서가 가진 공책 수를 구해야 한다.

해결해 볼까?

❶ 민서가 가지고 있는 공책은 몇 권?

> 전략 (처음 가지고 있던 공책 수)−(동생에게 준 공책 수)

답 _______________

❷ 민서와 진우 중에서 공책을 더 많이 가지고 있는 사람은?

> 전략 위 ❶에서 구한 수와 진우가 가지고 있는 공책 수를 비교하자.

답 _______________

쌍둥이 문제 2-1

집에 호떡이 10개 있었는데 2개를 먹었고, /
붕어빵은 7개 있습니다. /
호떡과 붕어빵 중에서 / 더 많이 남아 있는 것은 무엇인가요?

대표 문제 따라 풀기

❶

❷

답 _______________

STEP 2 { 수학 **사고력** 키우기 }

그림을 그려 문제 해결하기

연계학습 034쪽

대표 문제 3

나비가 10마리 있었는데/ 몇 마리가 날아가서/ 6마리가 남았습니다./
날아간 나비는 몇 마리인가요?

구하려는 것은?

날아간 나비의 수

주어진 것은?

• 처음에 있던 나비 수 : ☐ 마리

• 남은 나비 수 : ☐ 마리

해결해 볼까?

❶ 처음에 있던 나비 수만큼 ◯를 그리고, ◯가 6개 남을 때까지 /으로 지우기

〔전략〕 ◯를 10개 그린 다음 ◯가 6개 남을 때까지 /으로 지우자.

❷ 날아간 나비는 몇 마리?

〔전략〕 /으로 지운 ◯는 몇 개인지 세어 보자.

답 __________________

쌍둥이 문제 3-1

지우개가 10개 있었는데/ 몇 개를 친구에게 주었더니/ 7개가 되었습니다./
친구에게 준 지우개는 몇 개인가요?

대표 문제 따라 풀기

❶

❷

답 __________________

처음 수 구하기

연계학습 035쪽

대표 문제 4

버스 안에 몇 명이 있었는데 /
첫 번째 정류장에서 **3**명이 타고, / 두 번째 정류장에서 **2**명이 타서 /
8명이 되었습니다. /
처음 버스에 타고 있던 사람은 몇 명인가요?

구하려는 것은? 처음 버스에 타고 있던 사람 수

해결해 볼까?

❶ ◯ 안에 + 또는 −를, ☐ 안에 수를 알맞게 써넣기

전략 계산 방법과 순서를 거꾸로 하여 계산하자.

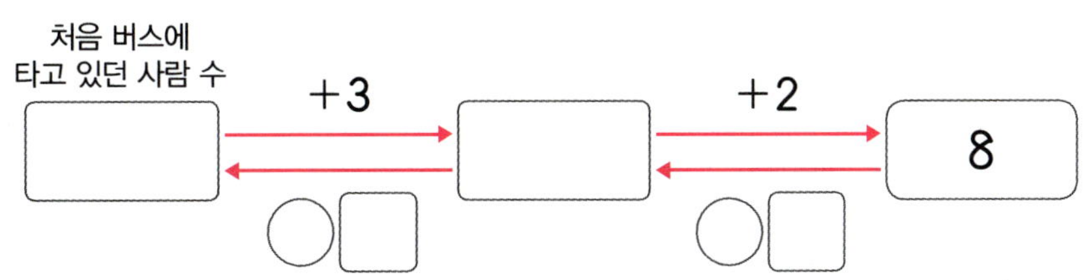

❷ 처음 버스에 타고 있던 사람은 몇 명? 답 ___________

쌍둥이 문제 4-1

윤하는 연필이 몇 자루 있었는데 /
친구에게 **1**자루를 선물 받고, / 언니에게 **3**자루를 선물 받았더니 /
7자루가 되었습니다. /
윤하가 처음 가지고 있던 연필은 몇 자루인가요?

대표 문제 따라 풀기

❶
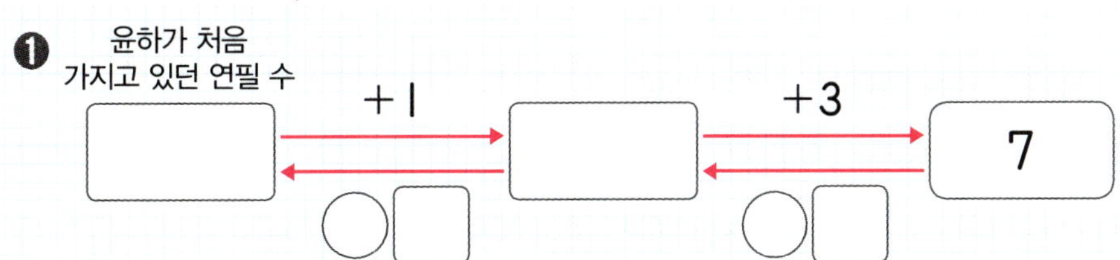

❷

답 ___________

{ 수학 **사고력** 키우기 }

😊 모양에 알맞은 수 구하기

연계학습 036쪽

대표 문제 5

★에 알맞은 수를 구하세요.

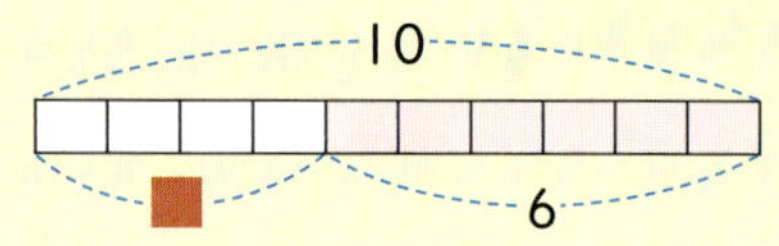

구하려는 것은?

★에 알맞은 수

어떻게 풀까?

$10-\blacksquare=6$에서 $\blacksquare$를 구할 때에는
오른쪽과 같이 그림으로 생각하여 구하자.

해결해 볼까?

❶ $10-\blacksquare=6$에서 $\blacksquare$에 알맞은 수는?

전략 10에서 몇을 빼야 6이 되는지 구하자.

답 ___________________

❷ ★에 알맞은 수는?

전략 위 ❶에서 구한 $\blacksquare$의 값을 $5+6+\blacksquare=★$의 $\blacksquare$에 넣어 계산하자.

답 ___________________

쌍둥이 문제 5-1

♥에 알맞은 수를 구하세요.

대표 문제 따라 풀기

❶

❷

답 ___________________

수 카드를 사용하여 식 만들어 계산하기

연계학습 037쪽

대표 문제 6

수 카드 **3**장을 골라/ 세 수의 합을 구하려고 합니다. /
나올 수 있는 합 중에서 가장 작은 수를 구하세요.

| 1 | 5 | 3 | 7 |

구하려는 것은?

나올 수 있는 합 중에서 가장 작은 수

어떻게 풀까?

더하는 세 수가 작을수록 합이 작다.

해결해 볼까?

❶ 수의 크기를 비교하면?

답 $\square < \square < \square < \square$

❷ 합이 가장 작게 되는 세 수는?

전략 작은 순서대로 3개의 수를 찾자.

답 $\square , \square , \square$

❸ 나올 수 있는 합 중에서 가장 작은 수는?

답

쌍둥이 문제 6-1

수 카드 **3**장을 골라/ 세 수의 합을 구하려고 합니다. /
나올 수 있는 합 중에서 가장 작은 수를 구하세요.

| 4 | 3 | 5 | 2 |

대표 문제 따라 풀기

❶

❷

❸

답

{ 수학 독해력 완성하기 }

빈칸에 알맞은 수 구하기

독해 문제 1

㉠과 4의 합은 10입니다. /
㉠과 ㉡에 알맞은 수를 구하세요.

$$\boxed{㉠}+4+2=\boxed{㉡}$$

구하려는 것은? ㉠과 ㉡에 알맞은 수

어떻게 풀까?
1. 10이 되는 더하기를 생각하여 ㉠을 구한 다음
2. ㉡을 구하자.

해결해 볼까?

❶ ㉠+4=10에서 ㉠에 알맞은 수는?

전략 ㉠과 4를 더하여 10이 될 때 ㉠의 값을 구하자.

답 ＿＿＿＿＿＿＿＿＿＿＿＿

❷ ☐ 안에 알맞은 수를 써넣어 식을 완성하고 계산하기

$$\boxed{}+4+2=\boxed{}$$

❸ ㉡에 알맞은 수는?

답 ＿＿＿＿＿＿＿＿＿＿＿＿

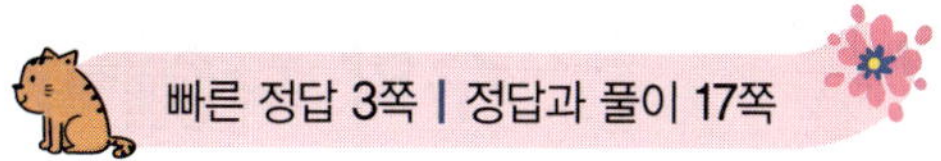

덧셈과 뺄셈의 활용

독해 문제 2

은지는 가지고 있던 초콜릿 9개 중에서 / 5개를 먹었고, /
준영이는 가지고 있던 초콜릿 10개 중에서 / 6개를 먹었습니다. /
두 사람이 먹고 남은 초콜릿은 / 모두 몇 개인가요?

구하려는 것은? 두 사람이 먹고 남은 초콜릿 수

주어진 것은?
- 은지: 초콜릿 9개 중에서 ☐ 개를 먹음.
- 준영: 초콜릿 10개 중에서 ☐ 개를 먹음.

어떻게 풀까?
1. 은지가 먹고 남은 초콜릿 수를 구하고,
2. 준영이가 먹고 남은 초콜릿 수를 구한 다음
3. 두 사람이 먹고 남은 초콜릿 수의 합을 구하자.

해결해 볼까?

❶ 은지가 먹고 남은 초콜릿은 몇 개?

전략 (은지가 가지고 있던 초콜릿 수)−(은지가 먹은 초콜릿 수)

❷ 준영이가 먹고 남은 초콜릿은 몇 개?

전략 (준영이가 가지고 있던 초콜릿 수)−(준영이가 먹은 초콜릿 수)

답

❸ 두 사람이 먹고 남은 초콜릿은 모두 몇 개?

{ 수학 **독해력** 완성하기 }

그림을 그려 문제 해결하기

연계학습 040쪽

독해 문제 3

재민이는 우표를 9장 가지고 있었습니다. /
우표 2장을 동생에게 주고, / 몇 장을 친구에게 주었더니 / 3장이 남았습니다. /
재민이가 친구에게 준 우표는 몇 장인가요?

구하려는 것은? 재민이가 친구에게 준 우표 수

주어진 것은?
- 재민이가 가지고 있던 우표 수 : ☐ 장
- 동생에게 준 우표 수 : ☐ 장
- 동생과 친구에게 주고 남은 우표 수 : ☐ 장

어떻게 풀까?
1 재민이가 가지고 있던 우표 수만큼 ◯를 그린 그림에
동생에게 준 우표 수만큼 /으로 지우고,
2 재민이에게 남은 우표 수만큼 ◯가 남을 때까지 ✕로 지운 다음
친구에게 준 우표 수를 알아보자.

해결해 볼까?

❶ 재민이가 가지고 있던 우표 수만큼 ◯를 그려 나타낸 그림에 동생에게
준 우표 수만큼 /으로 지우면?

◯ ◯ ◯ ◯ ◯ ◯ ◯ ◯ ◯

❷ 위 ❶에서 재민이에게 남은 우표 수만큼 ◯가 남을 때까지 ✕로 지
우면?

[전략] 남은 ◯에 ◯가 3개 남을 때까지 ✕로 지우자.

❸ 재민이가 친구에게 준 우표는 몇 장?

[전략] ✕로 지운 ◯의 개수를 세어 보자.

답 _______________

수 카드를 사용하여 식 만들어 계산하기

연계학습 043쪽

독해 문제 4

수 카드 **3**장을 골라 **뺄셈식**을 만들려고 합니다. /
계산 결과가 가장 클 때의 값은 얼마인지 구하세요.

구하려는 것은? 계산 결과가 가장 클 때의 값

어떻게 풀까?
1 각 자리에 어떤 수를 넣어야 계산 결과가 가장 크게 되는지 알아보고,
2 수의 크기를 비교하여 알맞은 자리에 수를 넣어 계산하자.

해결해 볼까?

❶ 알맞은 말에 ○표 하기

> 계산 결과가 가장 크려면 ㉠은 (커야 , 작아야) 하고,
> ㉡과 ㉢은 (커야 , 작아야) 합니다.

❷ 수의 크기를 비교하면?

답 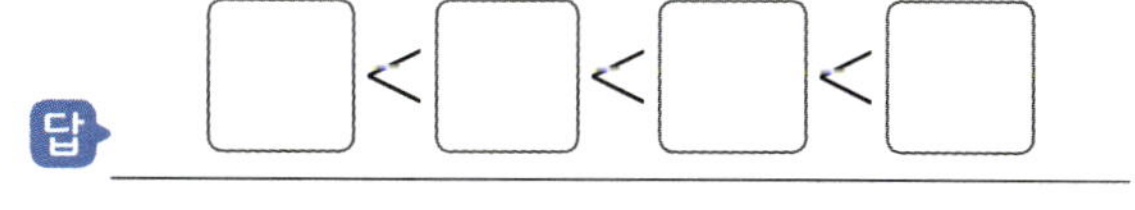 □ < □ < □ < □

❸ 계산 결과가 가장 큰 식을 만들면?

식 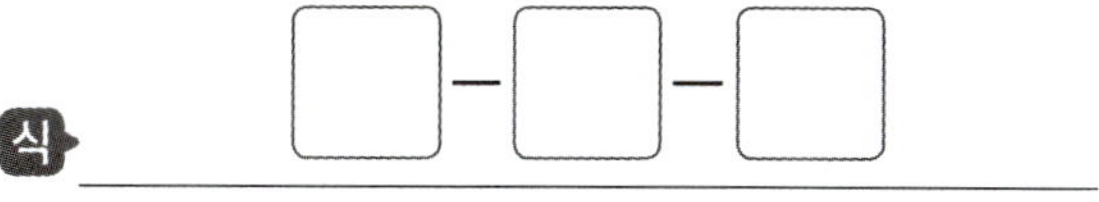 □ − □ − □

❹ 계산 결과가 가장 클 때의 값은?

답 

STEP 4 { 창의·융합·코딩 **체험**하기 }

[창의 **1** ~ **2**] 마당에서 닭, 토끼, 강아지가 놀고 있습니다. 물음에 답하세요.

창의 1 마당에서 놀고 있는 동물은/ 모두 몇 마리인지 구하려고 합니다./
□ 안에 알맞은 수를 써넣고/ 답을 구하세요.

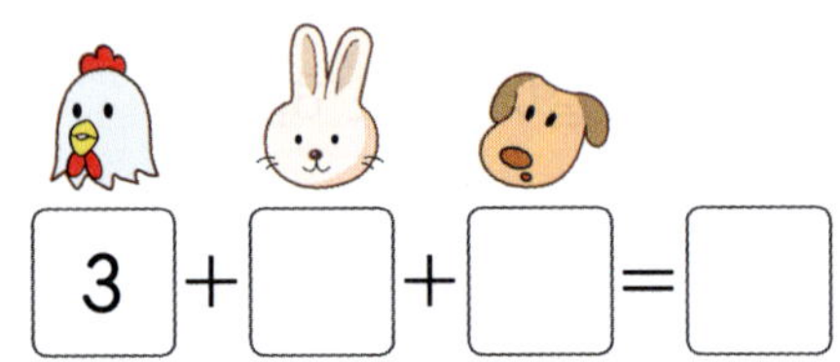

$$3 + \square + \square = \square$$

답 _______________________

창의 2 마당에서 놀고 있는 동물들의 다리는/ 모두 몇 개인지 구하려고 합니다./
□ 안에 알맞은 수를 써넣고/ 답을 구하세요.

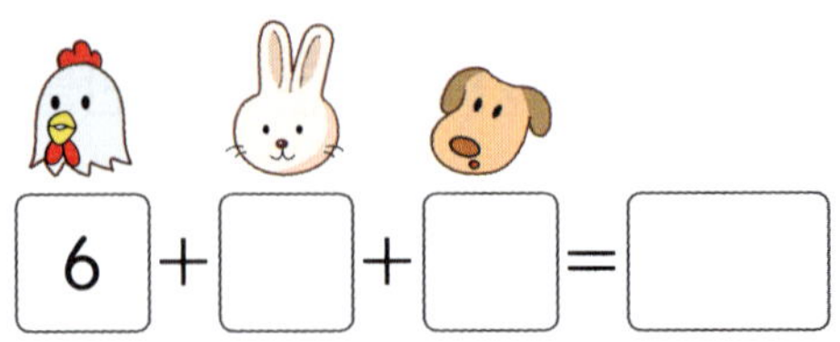

$$6 + \square + \square = \square$$

답 _______________________

융합 3 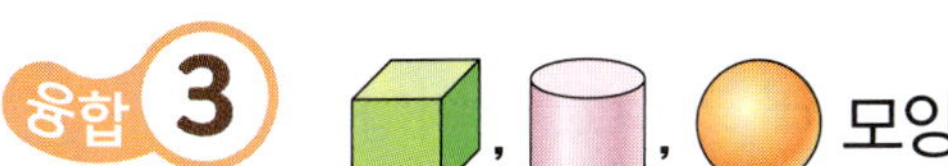 모양 중에서/
오른쪽 축구공과 같은 모양을 모두 찾아/
그 모양에 쓰인 수들의 합을 구하세요.

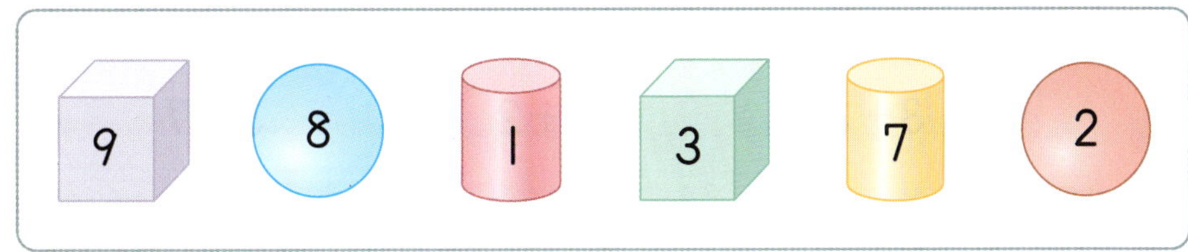

답 ____________________

창의 4 차를 구하고 [보기]에서 그 차에 해당하는 글자를 찾아 쓰세요.

[보기]

3	4	5	6	7
람	함	박	사	눈

차 구하기	글자
$10-3=\boxed{}$	
$10-4=\boxed{}$	
$10-7=\boxed{}$	

{ 창의·융합·코딩 체험하기 }

창의 5 다람쥐가 합이 10이 되는 곳을 통과해/ 도토리를 먹으러 가려고 합니다./
다람쥐가 지나가는 길을/ 선으로 나타내어 보세요.

	1+9	2+8	2+5
3+3	2+2	3+7	6+2
1+2	7+1	5+5	4+2
3+5	4+5	6+4	

코딩 6 다음 명령을 실행하여 값을 구하려고 합니다./
8을 입력했을 때 나오는 값을 구하세요.

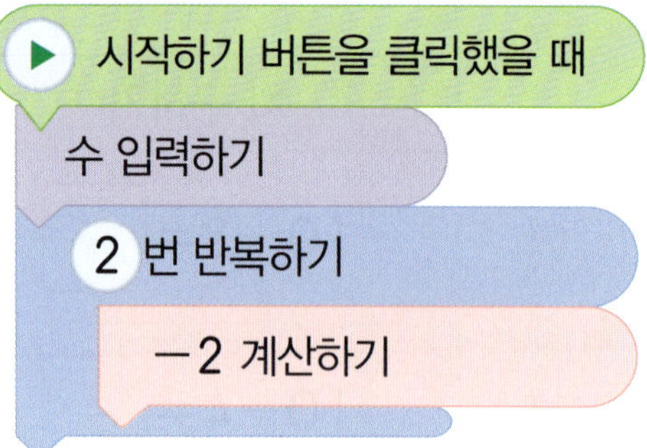

[코딩 7~8] 〔보기〕와 같이 로봇은 블록 명령어에 따라/ 지나간 칸에 있는 수를 모두 더합니다./ 시작하기 버튼을 클릭했을 때/ 로봇이 구한 수를 쓰세요.

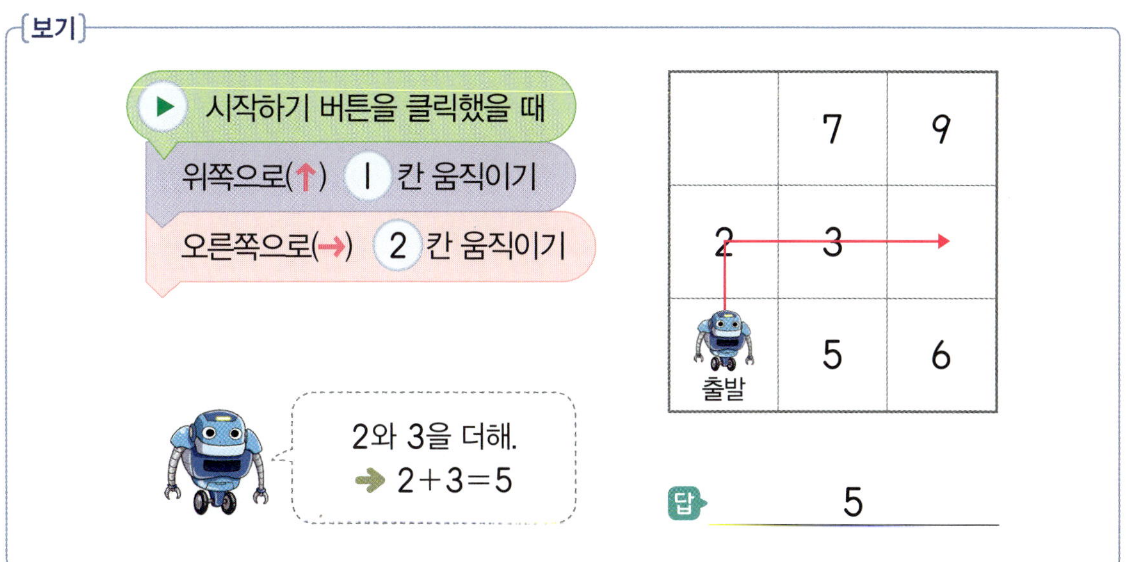

코딩 7

답 ___________________

코딩 8

답 ___________________

실전 마무리 하기

뺄셈하기

1 가장 큰 수와 가장 작은 수의 차를 구하세요.

| 5 | 3 | 10 |

풀이

답 _______________

계산 결과의 크기 비교하기

2 계산 결과가 더 큰 것의 기호를 쓰세요.

$\bigcirc$ 2+3+1 $\bigcirc$ 7-1-1

풀이

답 _______________

세 수의 계산의 활용 032쪽

3 상자에 노란색 구슬이 7개, 파란색 구슬이 3개, 초록색 구슬이 3개 들어 있습니다. 상자에 들어 있는 구슬은 모두 몇 개인가요?

풀이

답 _______________

덧셈과 뺄셈의 활용

4 꽃병에 장미는 6송이, 튤립은 장미보다 2송이 더 적게 꽂혀 있습니다. 장미와 튤립은 모두 몇 송이인가요?

풀이

답 _______________

빈칸에 알맞은 수 구하기 044쪽

5 5와 ㉠의 합은 10입니다. ㉠과 ㉡에 알맞은 수를 구하세요.

$$5+ \boxed{㉠} +7= \boxed{㉡}$$

풀이

답 ㉠: _______________ , ㉡: _______________

그림을 그려 문제 해결하기 040쪽

6 연못 안에 오리가 10마리 있었는데 몇 마리가 연못 밖으로 나가서 오리가 4마리 남았습니다. 연못 밖으로 나간 오리는 몇 마리인가요?

풀이

답 _______________

덧셈과 뺄셈의 활용 045쪽

7 진영이는 가지고 있던 귤 8개 중에서 3개를 먹었고, 미정이는 가지고 있던 귤 10개 중에서 7개를 먹었습니다. 두 사람이 먹고 남은 귤은 모두 몇 개인가요?

풀이

답 

처음 수 구하기 041쪽

8 현아는 쿠키를 몇 개 가지고 있었는데 친구에게 2개를 주고, 언니에게 2개를 주었더니 4개가 남았습니다. 현아가 처음에 가지고 있던 쿠키는 몇 개인가요?

풀이 ❶
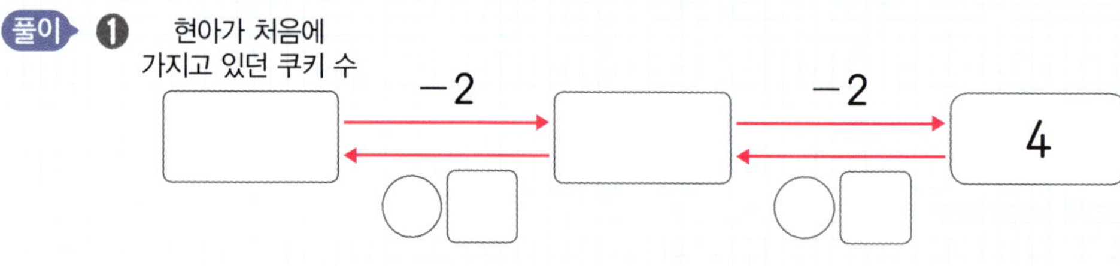

❷

답 ___________________

모양에 알맞은 수 구하기 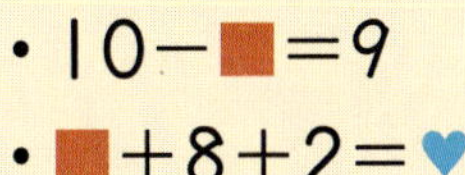042쪽

9 ♥에 알맞은 수를 구하세요.

$$\cdot\ 10-\blacksquare=9$$
$$\cdot\ \blacksquare+8+2=♥$$

풀이

답 ______________________

수 카드를 사용하여 식 만들어 계산하기 047쪽

10 수 카드 3장을 골라 뺄셈식을 만들려고 합니다. 계산 결과가 가장 클 때의 값은 얼마인지 구하세요.

  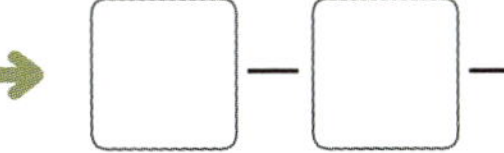

풀이

답 ______________________

진수가 일어났네요.

민희가 일어났네요.
아~ 잘잤다!
8:00

진수와 민희 중 더 일찍 일어난 사람은 누구인가요?
너 오늘은 일찍 왔네!
응! 오늘 평소보다 일찍 일어났거든~

진수와 민희가 오늘 아침에 일어난 시각입니다.
더 일찍 일어난 사람은 누구인가요?

< 가 일어난 시각>

진수

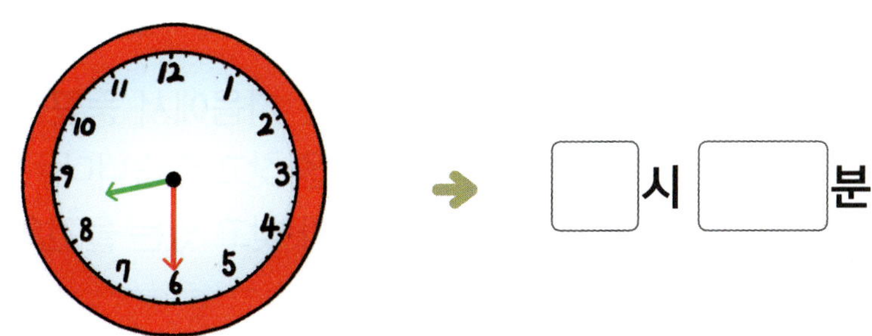 → ☐시 ☐분

< 가 일어난 시각>

민희

 → ☐시

답 ________________

{ 문제 해결력 기르기 }

① 모양의 특징을 이용하여 물건 찾기

선행 문제 해결 전략

• ■, ▲, ● 모양의 특징

모양	뾰족한 곳	곧은 선
■	**4**군데	**4**군데
▲	**3**군데	**3**군데
●	없음.	곧은 선은 없고 **둥근 부분**이 있음.

선행 문제 ①

설명하는 모양에 ◯표 하세요.

(1)
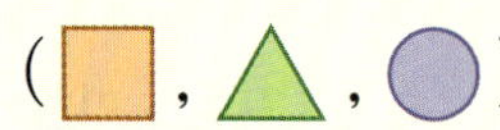
뾰족한 곳이 **4**군데인 모양

(■ , ▲ , ●)

(2)
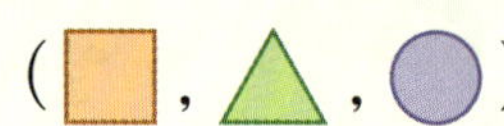
둥근 부분이 있는 모양

(■ , ▲ , ●)

실행 문제 ①

수인이는 다음에서 뾰족한 곳이 **4**군데인 모양의 물건을 찾고 있습니다. /
수인이가 찾고 있는 물건의 기호를 쓰세요.

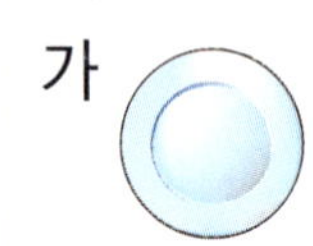  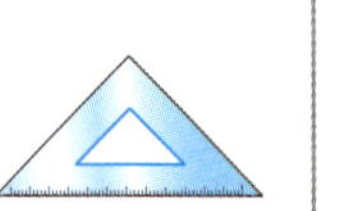

❶ 뾰족한 곳이 **4**군데인 모양에 ◯표 하기

(■ , ▲ , ●)

전략 ▷ 위 ❶에서 찾은 모양의 물건을 찾아 기호를 쓰자.

❷ 수인이가 찾고 있는 물건 : ☐

답 ________________

쌍둥이 문제 1-1

민호는 다음에서 둥근 부분이 있는 모양의 물건을 찾고 있습니다. /
민호가 찾고 있는 물건의 기호를 쓰세요.

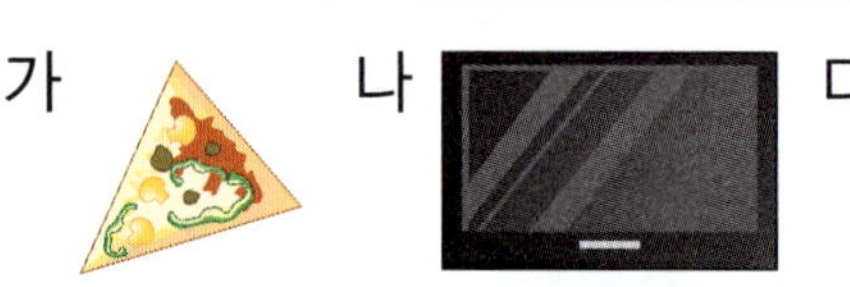

실행 문제 따라 풀기

❶

❷

답 ________________

 **주어진 모양 조각을 이용하여 모양 만들기**

선행 문제 해결 전략

• [보기]의 모양 조각을 모두 이용하여 모양 만들기

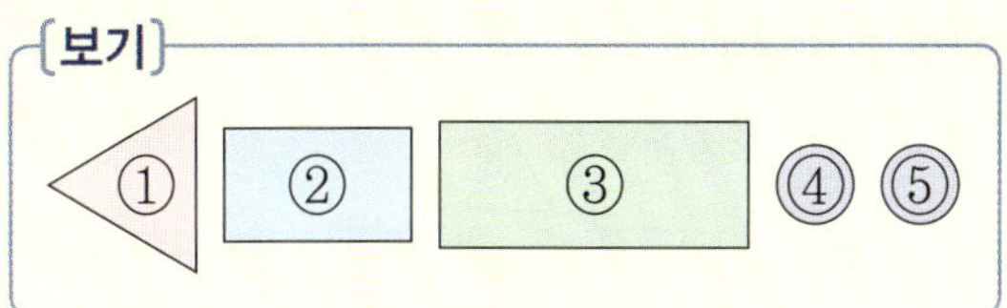

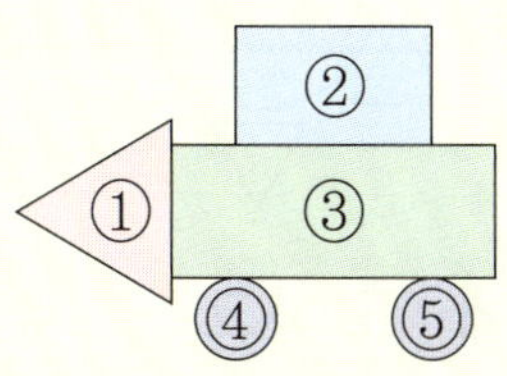

① 만든 모양에서 [보기]의 모양 조각과 **같은 조각을 찾아 표시**한다.

② 사용하지 않은 모양이 있거나 다른 모양을 사용했는지 확인한다.

선행 문제 2

[보기]의 모양 조각을 모두 이용하여 만든 모양입니다. 같은 조각을 찾아 번호를 쓰세요.

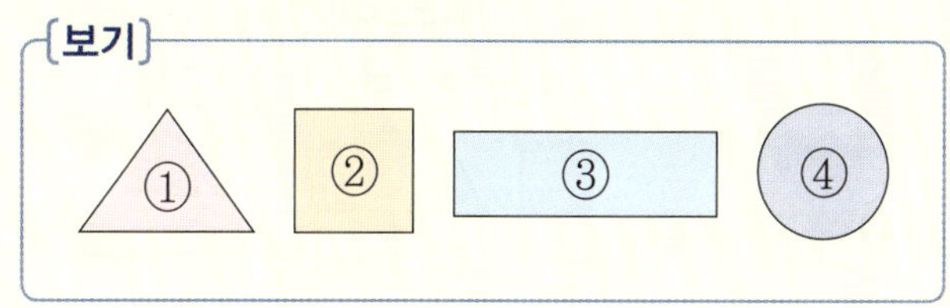

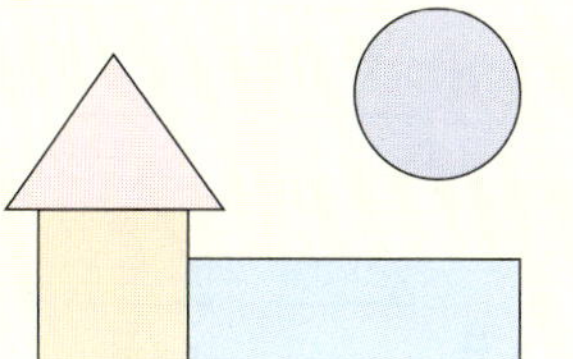

실행 문제 2

[보기]의 모양 조각을 모두 이용하여 만든 모양을 찾아 기호를 쓰세요.

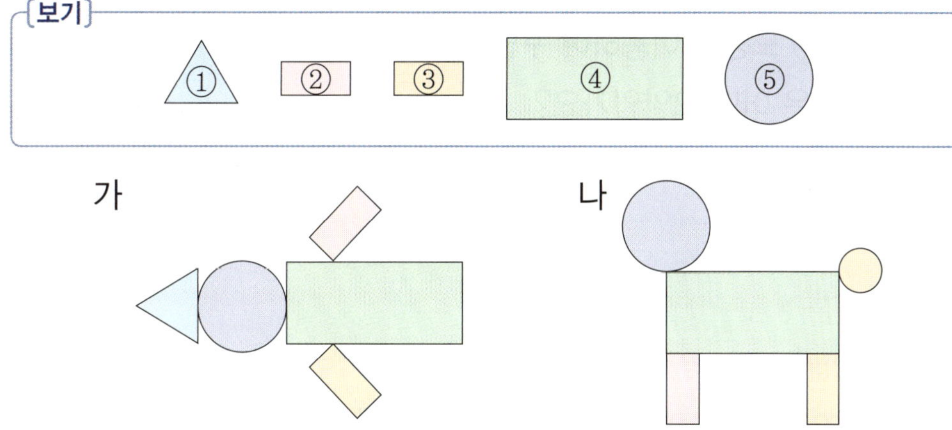

❶ 가와 나에 각각 [보기]의 모양 조각과 같은 조각을 찾아 번호 쓰기

전략 〉 가와 나 중에서 ①~⑤ 조각을 모두 이용한 것을 찾자.

❷ [보기]의 모양 조각을 모두 이용하여 만든 모양 : ☐

답 

③ 이용한 모양의 개수 비교하기

- 이용한 모양의 개수 구하기

빠뜨리거나
여러 번 세지 않도록
▨ , △ , ○ 모양별로
서로 다른 표시를 해 가며
개수를 세자.

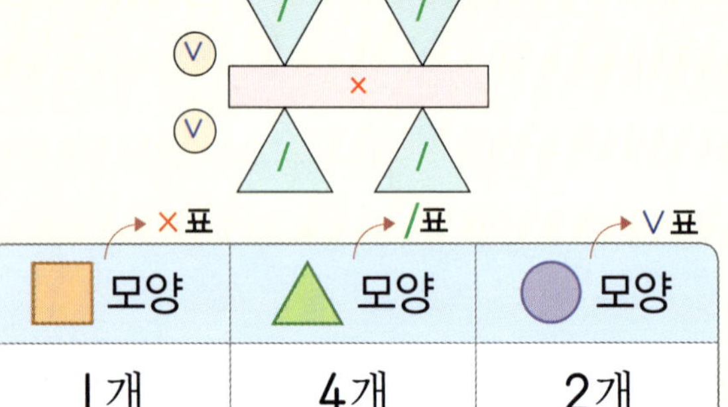

→×표	→／표	→∨표
▨ 모양	△ 모양	○ 모양
1개	4개	2개

△ , ○ 모양을 이용하여 꾸민 모양입니다. 물음에 답하세요.

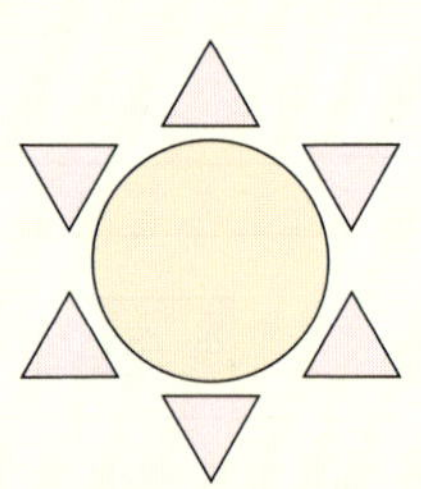

(1) △ 모양에 ／표 하고, 몇 개인지 세어 보세요.

(   )

(2) ○ 모양에 ∨표 하고, 몇 개인지 세어 보세요.

(   )

오른쪽은 ▨ , △ , ○ 모양을 이용하여 꾸민 모양입니다. 가장 많이 이용한 모양은 어떤 모양인가요?

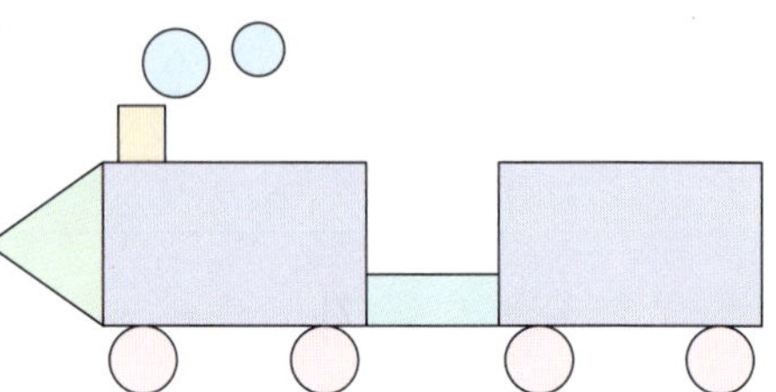

전략 각 모양별로 서로 다른 표시를 해 가며 세어 보자.

❶ 각각 이용한 모양의 개수 구하기

▨ 모양	△ 모양	○ 모양
☐ 개	☐ 개	☐ 개

전략 위 ❶에서 구한 모양의 수를 비교하자.

❷ 가장 많이 이용한 모양에 ○표 하기 : (▨ , △ , ○)

답 _______________________

④ 더 빠른 시각 찾기

• 몇 시 알아보기

시계의 **긴바늘이 12를** 가리키면 **몇 시**를 나타낸다.

긴바늘이 가리키는 숫자 : **12**

짧은바늘이 가리키는 숫자 : **9** → **9시** (아홉 시)

• 몇 시 30분 알아보기

시계의 **긴바늘이 6을** 가리키면 **몇 시 30분**을 나타낸다.

짧은바늘 : **9**와 10의 가운데

→ **9시 30분** (아홉 시 삼십 분)

긴바늘이 가리키는 숫자 : **6**

영탁이와 민하가 점심을 먹은 시각입니다. / 두 사람 중 점심을 더 일찍 먹은 사람은 누구인가요?

전략 앞에 있는 수는 '시', 뒤에 있는 수는 '분'을 나타낸다.

❶ 영탁이가 점심을 먹은 시각 :

[ ]시 [ ]분

❷ 민하가 점심을 먹은 시각 : [ ]시

❸ 점심을 더 일찍 먹은 사람 : [ ]

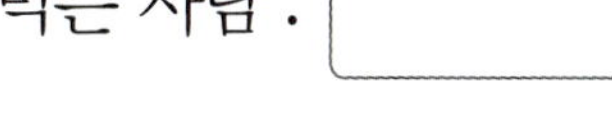

답 ____________

효주와 우석이가 낮에 학원에 간 시각입니다. / 두 사람 중 학원에 더 일찍 간 사람은 누구인가요?

실행 문제 따라 풀기

❶

❷

❸

답 ____________

⑤ 거울에 비친(거꾸로 매달린) 시계를 보고 시각 구하기

선행 문제 **해결 전략**

> 시계를 어느 방향에서 보든 **짧은바늘**과 **긴바늘**이 가리키는 숫자를 읽자.

예 거울에 비친 시계

짧은바늘이 **5**,
긴바늘이 **12**를
가리킨다.

예 거꾸로 매달린 시계

짧은바늘이 **2**와 **3**의 가운데, 긴바늘이 **6**을 가리킨다.

선행 문제 **5**

시계를 보고 ☐ 안에 알맞은 수를 써넣으세요.

(1)

짧은바늘이 5와 ☐ 의 가운데, 긴바늘이 ☐ 을 가리킨다.

(2)

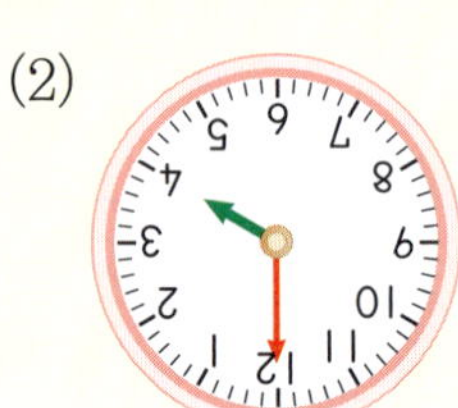

짧은바늘이 ☐ , 긴바늘이 ☐ 를 가리킨다.

실행 문제 **5**

거울에 비친 시계를 보았더니 오른쪽과 같았습니다. /
시계가 나타내는 시각을 구하세요.

전략 ▷ 시계의 짧은바늘과 긴바늘이 각각 가리키는 곳을 알아보자.

❶ 짧은바늘이 ☐ 과 ☐ 의 가운데, 긴바늘이 ☐ 을 가리킨다.

전략 ▷ 긴바늘이 6을 가리키므로 '몇 시 30분'으로 나타내자.

❷ 시계가 나타내는 시각 : ☐ 시 ☐ 분

답 ____________

6 설명하는 시각 구하기

선행 문제 해결 전략

• 시곗바늘을 그리고 시각 구하기

> 시계에서 **짧은바늘은 '시'**,
> **긴바늘은 '분'**을 나타낸다.

예 시계의 짧은바늘이 **6**,
긴바늘이 **12**를 가리킬 때의 시각

 → **6시**

예 시계의 짧은바늘이 **1**과 **2**의 가운데,
긴바늘이 **6**을 가리킬 때의 시각

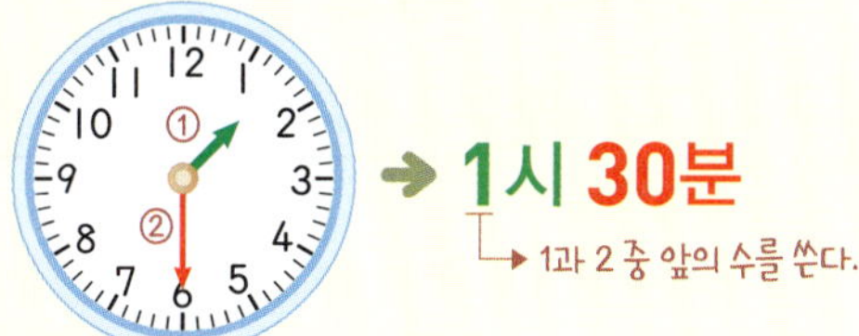 → **1시 30분**
└→ 1과 2 중 앞의 수를 쓴다.

선행 문제 6

시곗바늘을 그려 넣고, 그 시각을 쓰세요.

(1) 시계의 짧은바늘이 **3**,
긴바늘이 **12**를 가리킬 때의 시각

 → ☐ 시

(2) 시계의 짧은바늘이 **4**와 **5**의 가운데,
긴바늘이 **6**을 가리킬 때의 시각

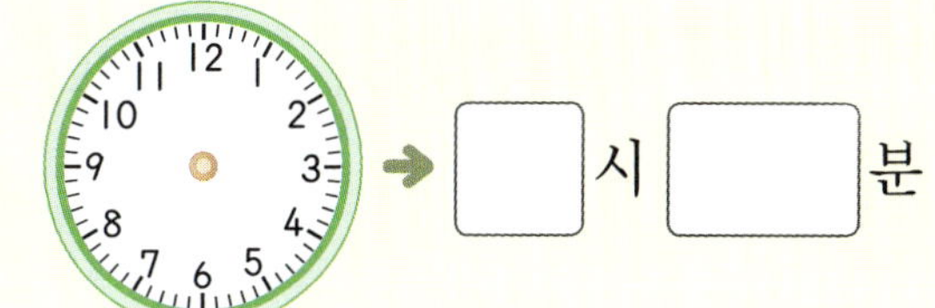 → ☐ 시 ☐ 분

실행 문제 6

설명하는 시각을 구하세요.

> • 긴바늘이 **12**를 가리킵니다.
> • 짧은바늘은 시계에서 가장 큰 숫자를 가리킵니다.

❶ 긴바늘이 **12**시를 가리키므로 (몇 시 , 몇 시 30분)이다.

전략 > 시계의 숫자 1부터 12까지 중 가장 큰 숫자를 찾자.

❷ 시계에서 가장 큰 숫자 : ☐

전략 > 시계에서 짧은바늘이 가리키는 숫자는 '시'를 나타낸다.

❸ 설명하는 시각 : ☐ 시

답  ___________

{ 수학 **사고력** 키우기 }

😊 모양의 특징을 이용하여 물건 찾기

연계학습 058쪽

대표 문제 ❶ 예준이가 설명하는 모양의 물건을 모두 찾아 기호를 쓰세요.

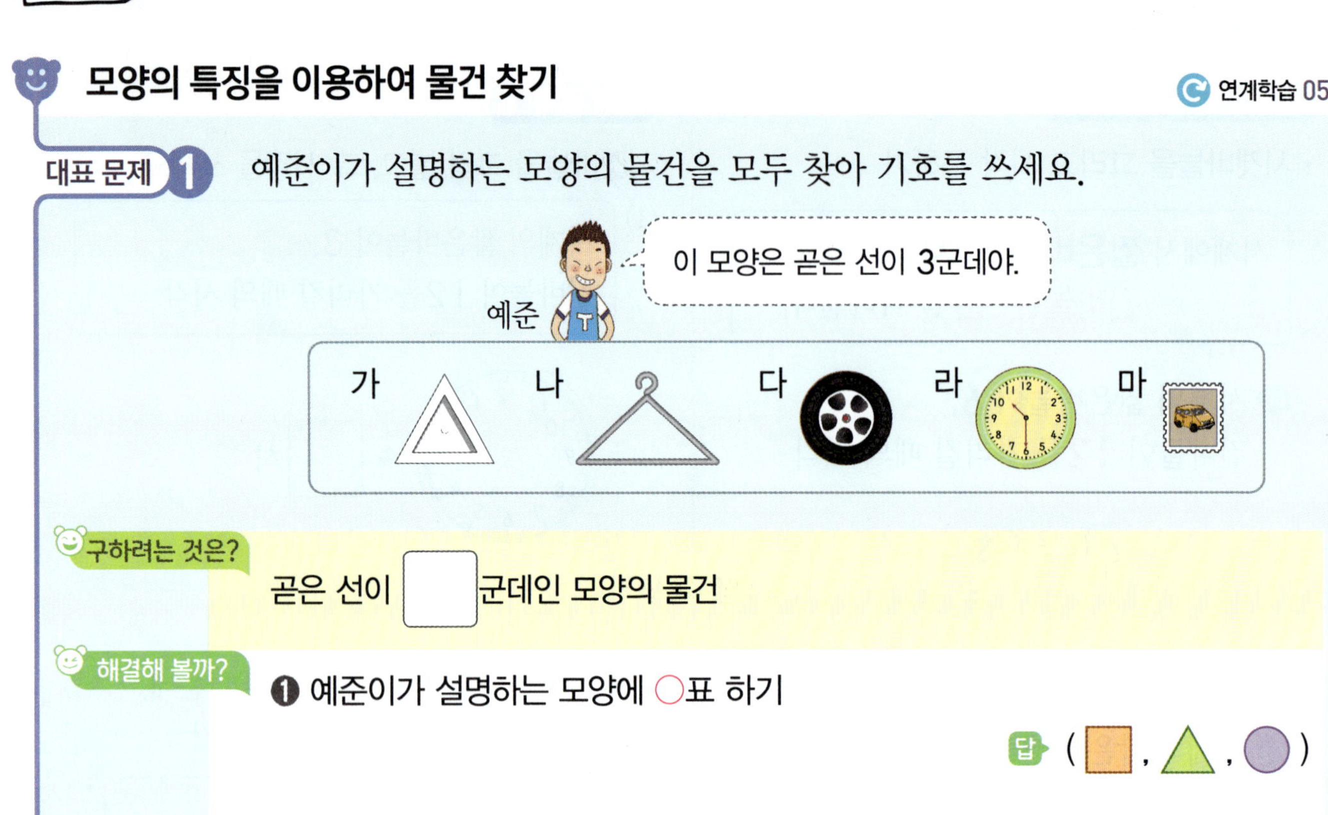

😊 **구하려는 것은?**

곧은 선이 [ ] 군데인 모양의 물건

😊 **해결해 볼까?**

❶ 예준이가 설명하는 모양에 ○표 하기

답 (⬜ , 🔺 , 🟣)

❷ 위 ❶에서 답한 모양의 물건을 모두 찾아 기호를 쓰면?

답 _______________

쌍둥이 문제 1-1 다영이가 설명하는 모양의 물건을 모두 찾아 기호를 쓰세요.

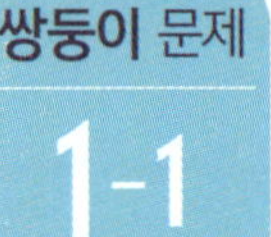

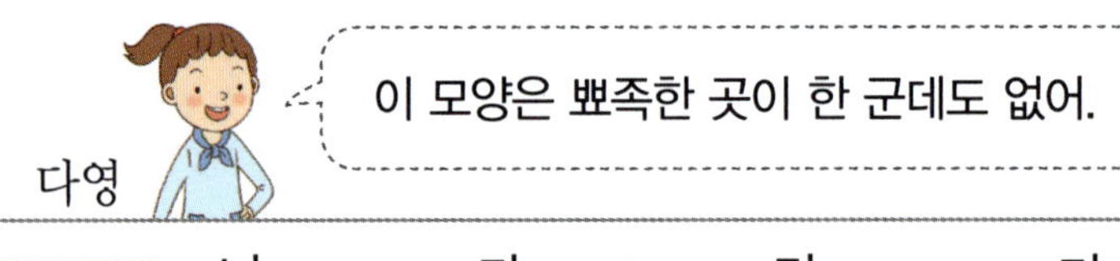

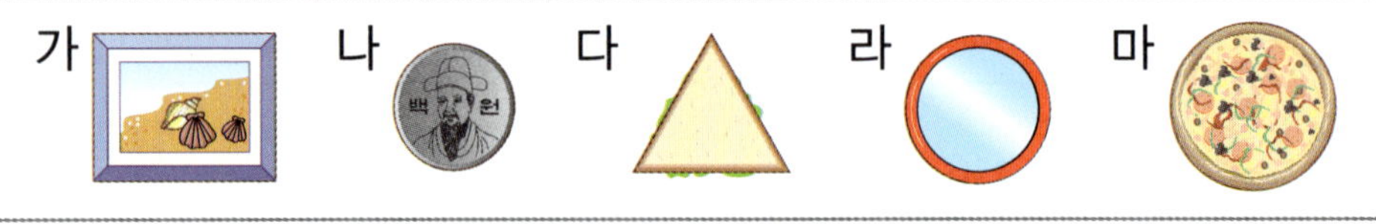

😊 **대표 문제 따라 풀기**

❶

❷

답 _______________

주어진 모양 조각을 이용하여 모양 만들기

연계학습 059쪽

대표 문제 2

[보기]의 모양 조각을 이용하여／ 오른쪽 모양을 만들었습니다.／
이용하고 남은 모양 조각은／  모양 중에서 어떤 모양인가요?

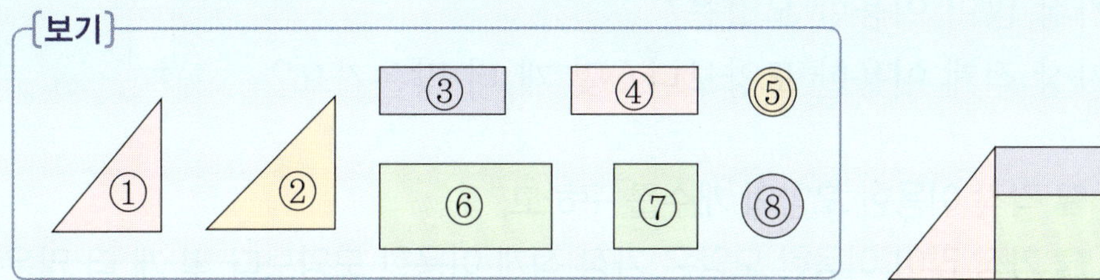

어떻게 풀까?

1 만든 모양에 [보기]의 모양 조각과 같은 조각을 찾아 번호를 쓰고,

2 남은 모양 조각을 찾아 어떤 모양인지 구하자.

해결해 볼까?

❶ 만든 모양에 [보기]의 모양 조각과 같은 조각을 찾아 번호 쓰기

❷ 이용하고 남은 모양 조각의 번호는?　　답 ____________________

❸ 위 ❷에서 찾은 모양 조각은 어떤 모양인지 ○표 하기

답 

쌍둥이 문제 2-1

[보기]의 모양 조각을 이용하여／ 오른쪽 모양을 만들었습니다.／
이용하고 남은 모양 조각은／ 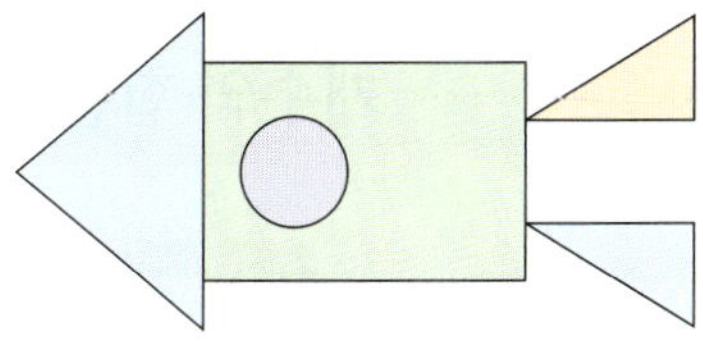 모양 중에서 어떤 모양인가요?

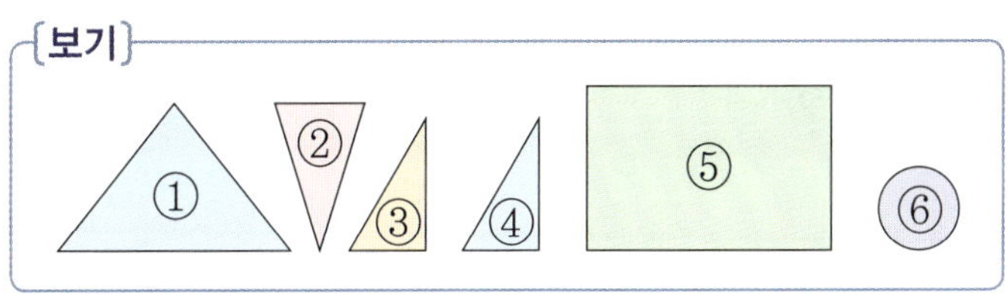

대표 문제 따라 풀기

❶

❷

❸

답 

이용한 모양의 개수 비교하기

연계학습 060쪽

대표 문제 ③

오른쪽은 ■, ▲, ● 모양을 이용하여 꾸민 모양입니다. /
가장 많이 이용한 모양은/
가장 적게 이용한 모양보다/ 몇 개 더 많은가요?

어떻게 풀까?

1 각각 이용한 모양의 개수를 구하고,
2 가장 많이 이용한 모양은 가장 적게 이용한 모양보다 몇 개 더 많은지 구하자.

해결해 볼까?

❶ 각각 이용한 모양의 개수 구하기

■ 모양	▲ 모양	● 모양
☐ 개	☐ 개	☐ 개

❷ 가장 많이 이용한 모양은 가장 적게 이용한 모양보다 몇 개 더 많은지 구하면?

답

쌍둥이 문제 3-1

오른쪽은 ■, ▲, ● 모양을 이용하여 꾸민 모양입니다. /
가장 많이 이용한 모양과/ 가장 적게 이용한 모양의/
개수의 합은 몇 개인가요?

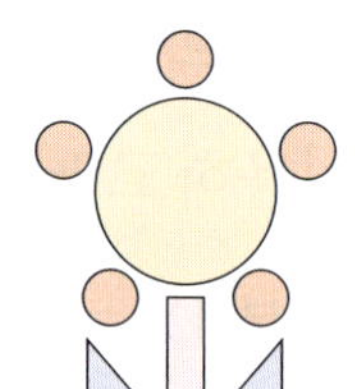
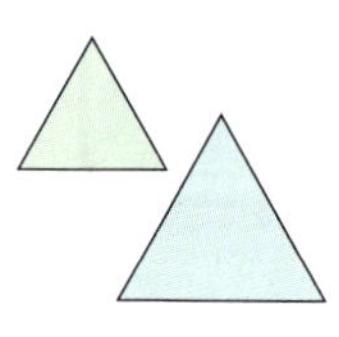

대표 문제 따라 풀기

❶

❷

답

 더 빠른 시각 찾기

연계학습 061쪽

대표 문제 4

진호와 수현이가 학교에 도착한 시각입니다. /
두 사람 중 / 학교에 더 일찍 도착한 사람은 /
누구인가요?

진호   수현

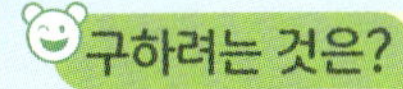 **구하려는 것은?**

진호와 수현이 중 학교에 더 일찍 도착한 사람

 **어떻게 풀까?**

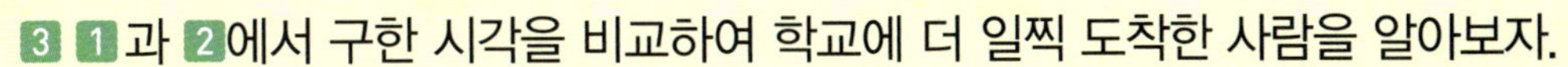
1 진호가 학교에 도착한 시각을 구하고 2 수현이가 학교에 도착한 시각을 구한 다음
3 1과 2에서 구한 시각을 비교하여 학교에 더 일찍 도착한 사람을 알아보자.

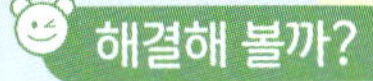 **해결해 볼까?**

❶ 진호가 학교에 도착한 시각은?

답 ________________

❷ 수현이가 학교에 도착한 시각은?

답 ________________

❸ 두 사람 중 학교에 더 일찍 도착한 사람은 누구?

전략 ▷ 몇 시를 나타내는 숫자부터 비교하자.

답 ________________

쌍둥이 문제 4-1

미진이와 준수가 숙제를 끝낸 시각입니다. /
두 사람 중 / 숙제를 더 일찍 끝낸 사람은 /
누구인가요?

 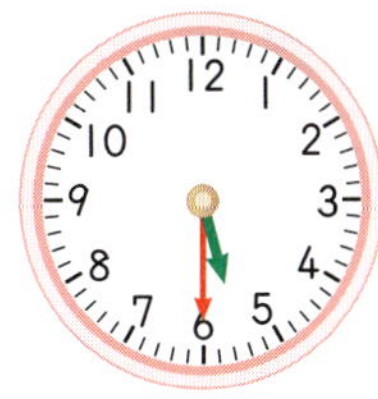

미진   준수

대표 문제 따라 풀기

❶ 

❷ 

❸

답  ________________

3

모양과 시각

거울에 비친(거꾸로 매달린) 시계를 보고 시각 구하기

연계학습 062쪽

대표 문제 5

진우가 철봉에 거꾸로 매달려 본 시계입니다. /
진우가 본 시각을 구하세요.

구하려는 것은?

진우가 본 시각

어떻게 풀까?

1 짧은바늘과 긴바늘이 각각 가리키는 숫자를 알아보고
2 진우가 본 시각은 몇 시인지 구하자.

해결해 볼까?

❶ 짧은바늘과 긴바늘이 각각 가리키는 숫자는?

답 짧은바늘 : ________________ , 긴바늘 : ________________

❷ 진우가 본 시각은?

전략 긴바늘이 12를 가리키므로 '몇 시'로 나타내자.

답 ________________

쌍둥이 문제 5-1

주호가 철봉에 거꾸로 매달려 본 시계입니다. /
주호가 본 시각을 구하세요.

대표 문제 따라 풀기

❶

❷

답 ________________

설명하는 시각 구하기

연계학습 063쪽

대표 문제 6 설명하는 시각을 구하세요.

> • 1시와 4시 사이의 시각입니다.
> • 긴바늘이 12를 가리킵니다.
> • 2시보다 늦은 시각입니다.

어떻게 풀까?

1 긴바늘이 가리키는 숫자를 보고 '몇 시' 또는 '몇 시 30분'인지 알아보고

2 1시와 4시 사이에 긴바늘이 12를 가리키는 시각을 모두 구한 다음,

3 2에서 구한 시각 중 2시보다 늦은 시각을 구하자.

해결해 볼까?

❶ 알맞은 말에 ○표 하기

> 긴바늘이 12를 가리키므로 (몇 시 , 몇 시 30분)이다.

❷ 1시와 4시 사이에 긴바늘이 12를 가리키는 시각을 모두 쓰면?

전략 1시보다 늦고 4시보다 빠른 시각 중
'몇 시'를 찾자.

답 _______________

❸ 위 ❷에서 구한 시각 중 2시보다 늦은 시각은?

전략 2시를 지난 시각을 찾자.

답 _______________

모양과 시각

쌍둥이 문제 6-1 설명하는 시각을 구하세요.

> • 6시와 9시 사이의 시각입니다.
> • 긴바늘이 12를 가리킵니다.
> • 8시보다 빠른 시각입니다.

대표 문제 따라 풀기

❶

❷

❸

답 _______________

{ 수학 독해력 완성하기 }

😊 본떴을 때 생기는 모양 알아보기

독해 문제 1

오른쪽은 어떤 물건을 본뜬 모양의 부분입니다. /
완성된 모양과 같은 모양의 물건을 찾아 기호를 쓰세요.

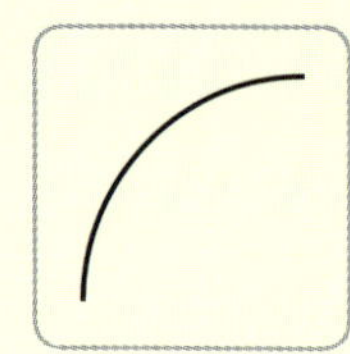

해결해 볼까? ❶ 본뜬 모양의 부분을 보고 완성된 모양은 어떤 모양인지 ◯표 하기

답 (▢ , △ , ⬤)

❷ 위 ❶에서 구한 모양의 물건을 찾아 기호를 쓰면?

답 _______________

😊 이용한 모양 알아보기

독해 문제 2

▢ , △ , ⬤ 모양 중 / 가와 나에 모두 이용한 모양은 어떤 모양인가요?

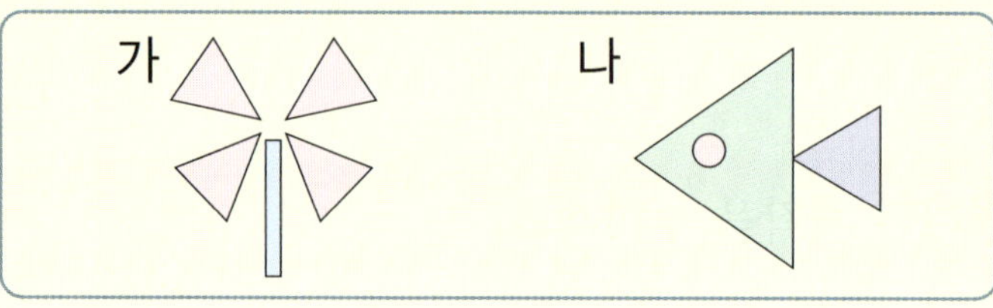

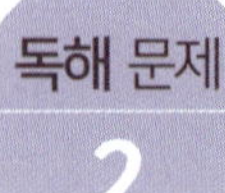

해결해 볼까? ❶ 가를 꾸미는 데 이용한 모양에 모두 ◯표 하기

(▢ , △ , ⬤)

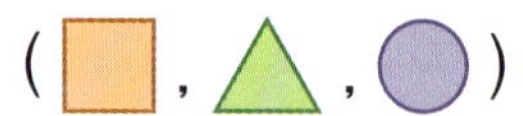

❷ 나를 꾸미는 데 이용한 모양에 모두 ◯표 하기

(▢ , △ , ⬤)

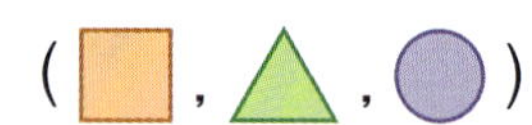

❸ 가와 나에 모두 이용한 모양은 어떤 모양?

답 _______________

더 빠른 시각 찾기

연계학습 067쪽

독해 문제 3

지혜가 학교를 다녀온 후에 한 일입니다. /
먼저 한 일부터 순서대로 기호를 쓰세요.

㉠ 

㉡ 

㉢ 

방 청소　　　　책 읽기　　　　저녁 식사

해결해 볼까?

❶ ㉠, ㉡, ㉢의 시각을 각각 구하면?

답 ㉠: ____________, ㉡: ____________, ㉢: ____________

❷ 먼저 한 일부터 순서대로 기호를 쓰면?

전략 먼저 한 일은 빠른 시각이므로 시각이 빠른 것부터 쓰자.

답 ____________

크고 작은 모양의 개수 구하기

독해 문제 4

그림에서 찾을 수 있는 / 크고 작은 ▢ 모양은 모두 몇 개인가요?

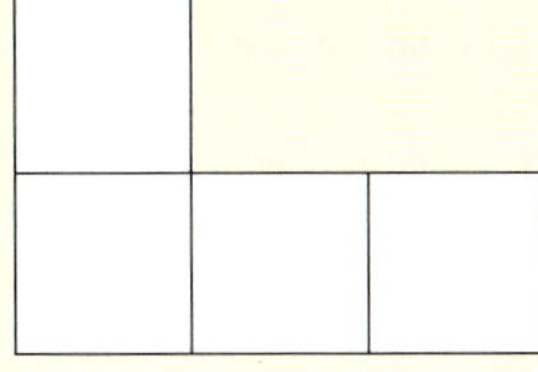

해결해 볼까?

❶ ▢ 1개짜리, ▢ 2개짜리, ▢ 3개짜리로 이루어진 크고 작은 ▢
모양의 개수는?

답 1개짜리: ________, 2개짜리: ________, 3개짜리: ________

❷ 크고 작은 ▢ 모양은 모두 몇 개?

답 ____________

{ 수학 독해력 완성하기 }

😊 **이용한 모양의 개수 비교하기** ⓒ 연계학습 066쪽

독해 문제 5

윤지가 처음에 가지고 있던 ◻, △, ⬤ 모양의 개수는 같았습니다. /
윤지가 가지고 있던 모양으로 / 아래의 모양을 꾸미고 남은 ◻ 모양은 2개입니다. /
남은 △ 모양과 ⬤ 모양은 각각 몇 개인가요?

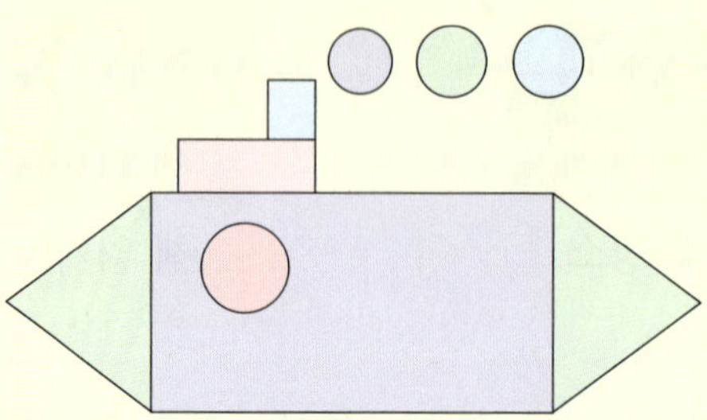

🐻 **구하려는 것은?** 꾸미고 남은 △ 모양과 ⬤ 모양의 개수

🐻 **어떻게 풀까?**
1 꾸미는 데 이용한 모양의 개수를 각각 세어 보고,
2 처음에 가지고 있던 각 모양의 개수를 구한 다음
3 남은 △ 모양과 ⬤ 모양의 개수를 구하자.

🐻 **해결해 볼까?**

❶ 모양을 꾸미는 데 이용한 각 모양의 개수 구하기

◻ 모양	△ 모양	⬤ 모양
☐ 개	☐ 개	☐ 개

❷ 처음에 가지고 있던 각 모양의 개수 구하기

◻ 모양	△ 모양	⬤ 모양
☐ 개	☐ 개	☐ 개

❸ 남은 △ 모양과 ⬤ 모양은 각각 몇 개?

답 △ 모양 : _______________ , ⬤ 모양 : _______________

긴바늘이 한 바퀴 움직였을 때의 시각 구하기

독해 문제 6

다음 시계의 긴바늘이 한 바퀴 움직였을 때의 시각을 구하세요.

구하려는 것은? 시계의 긴바늘이 한 바퀴 움직였을 때의 시각

주어진 것은?
- 시계의 짧은바늘이 가리키는 숫자 : ☐
- 시계의 긴바늘이 가리키는 숫자 : 12

어떻게 풀까? 시계의 긴바늘이 한 바퀴 움직이면 짧은바늘이 숫자 한 칸을 움직인다.

해결해 볼까?

❶ 위의 시계가 나타내는 시각은?

답 

❷ 시계의 긴바늘이 한 바퀴 움직였을 때 짧은바늘과 긴바늘이 가리키는 숫자는?

전략 긴바늘이 한 바퀴 움직였을 때 짧은바늘이 숫자 몇 칸을 움직이는지 알아보자.

답 짧은바늘 :  , 긴바늘 :

❸ 시계의 긴바늘이 한 바퀴 움직였을 때의 시각은?

답 

{ 창의·융합·코딩 체험하기 }

 민호는 교통표지를 그려 보았습니다. / 물음에 답하세요.

(1) ■ 모양의 교통표지를 찾아 기호를 쓰세요.

답 ________________

(2) ▲ 모양의 교통표지를 모두 찾아 기호를 쓰세요.

답 ________________

 지수의 일기를 읽고 / 지수가 일어난 시각을 시계에 나타내 보세요.

오	늘		아	침	에		일	어
나	니		9	시	였	다	.		서
둘	러	서		학	교	에		갔	지
만		지	각	했	다	.		

융합 3 수현이는 별자리 중에서／ 궁수자리를 조사해 보았습니다.／
궁수자리에서 찾을 수 있는 모양 중에서／
뾰족한 곳이 4군데인 모양은 모두 몇 개인가요?

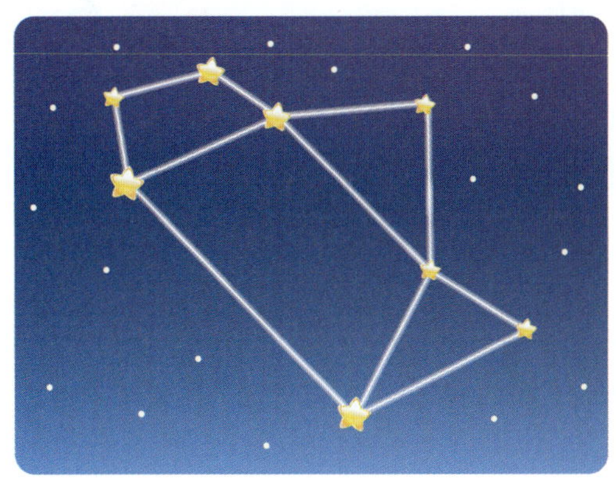

답 ______________________

창의 4  모양을 따라 가면서 미로를 탈출해 보세요.

4 STEP { 창의·융합·코딩 **체험**하기 }

[창의 5~6] 색종이를 ▢, △, ◯ 모양으로 잘라/ 다음과 같이 겹쳐 놓았습니다./
맨 아래에 놓여 있는 모양은 어떤 모양인지 ◯표 하세요.

창의 5

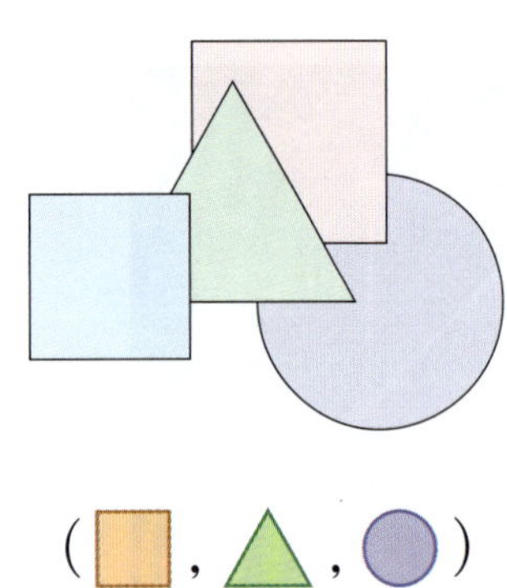

(▢ , △ , ◯)

창의 6

(▢ , △ , ◯)

창의 7 로켓 모양이 완성되도록 퍼즐을 맞추려고 합니다./
㉠과 ㉡에 알맞은 퍼즐 모양을 각각 찾아 기호를 쓰세요.

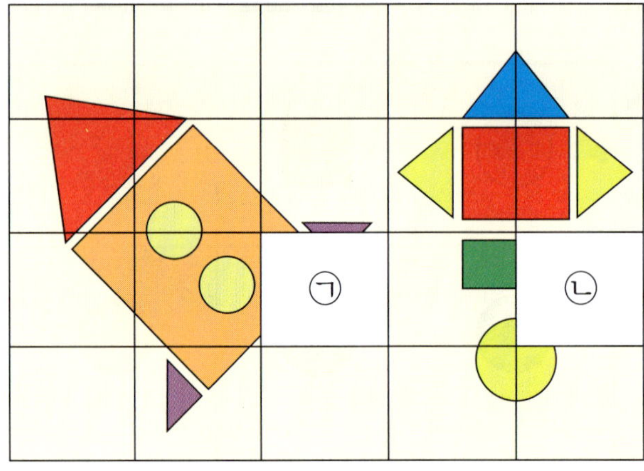

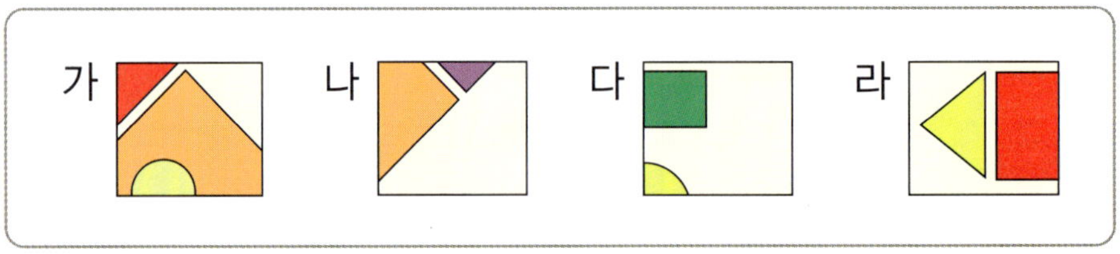

 답 ㉠ : ____________ , ㉡ : ____________

융합 8 민주는 나무막대로 해시계를 만들었습니다. /
해시계가 나타내는 시각은 몇 시인가요?

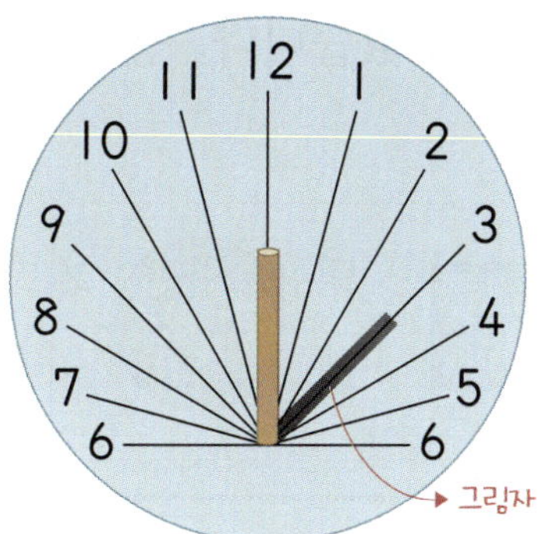

답 _______________

코딩 9 〔보기〕와 같이 로봇은 블록 명령어에 따라 / 지나간 칸에 있는 조각을 모두 줍습니다. /
시작하기 버튼을 클릭했을 때 / 로봇이 주운 조각의 각 모양의 개수를 쓰세요.

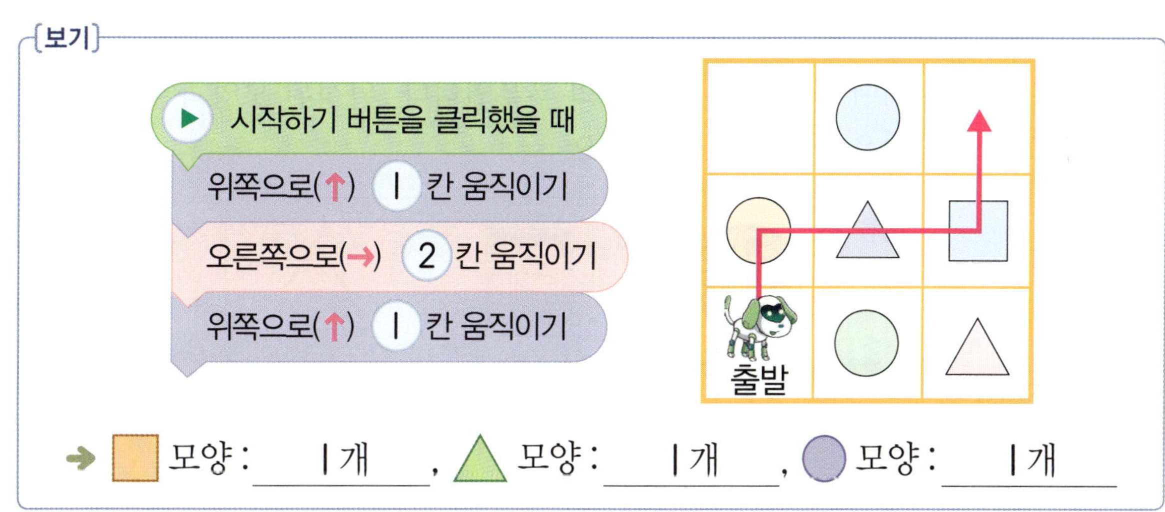

→ ▢ 모양 : _____ l 개 , △ 모양 : _____ l 개 , ◯ 모양 : _____ l 개

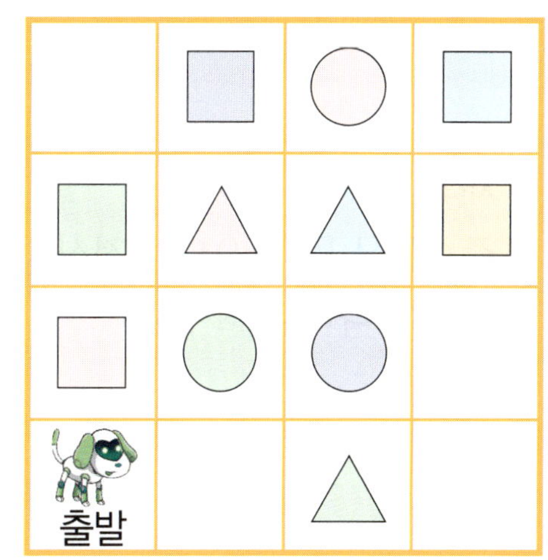

→ ▢ 모양 : _________ , △ 모양 : _________ , ◯ 모양 : _________

{ 실전 마무리 하기 }

모양의 특징을 이용하여 물건 찾기 058쪽

1 정우는 뾰족한 곳이 **3**군데인 모양의 물건을 찾고 있습니다. 정우가 찾고 있는 물건의 기호를 쓰세요.

풀이

답 ___________________

본떴을 때 생기는 모양 알아보기 070쪽

2 오른쪽은 어떤 물건을 본뜬 모양의 부분입니다. 완성된 모양과 같은 모양의 물건을 찾아 기호를 쓰세요.

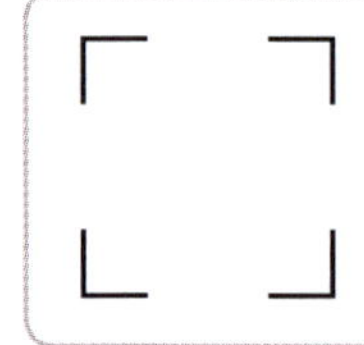

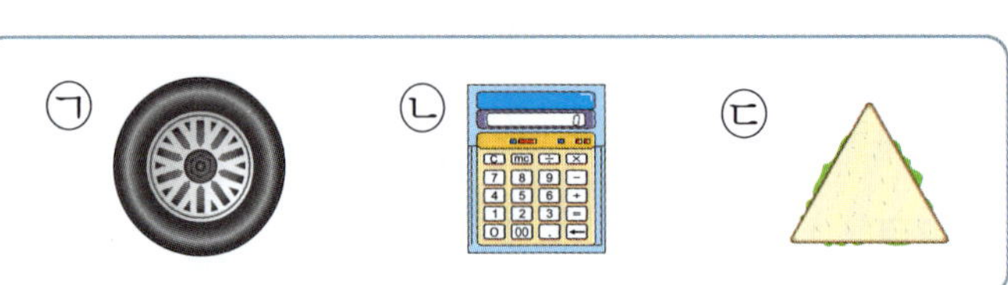

풀이

답 ___________________

시각을 시계에 나타내기

3 주희는 **11**시 **30**분에 점심을 먹었습니다. 주희가 점심을 먹은 시각을 시계에 나타내 보세요.

풀이

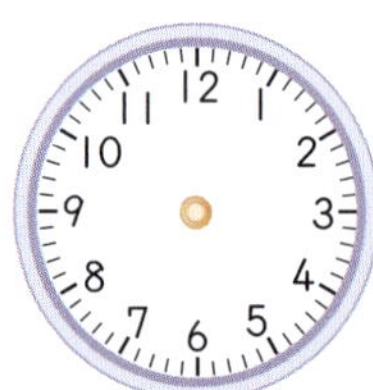

이용한 모양 알아보기 ⟳070쪽

4 ■, ▲, ● 모양 중 가와 나에 모두 이용한 모양은 어떤 모양인가요?

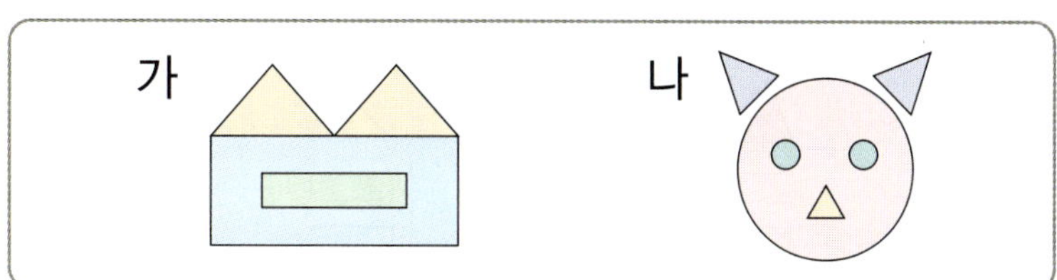

풀이

답 ________________

더 빠른 시각 찾기 ⟳067쪽

5 준호와 태현이가 집에 도착한 시각입니다. 두 사람 중 집에 더 일찍 도착한 사람은 누구인가요?

풀이

답 ________________

거울에 비친(거꾸로 매달린) 시계를 보고 시각 구하기 ⟳068쪽

6  거울에 비친 시계를 보았더니 오른쪽과 같았습니다. 시계가 나타내는 시각을 구하세요.

풀이

답 ________________

이용한 모양의 개수 비교하기 066쪽

7 다음은 , ▲, ● 모양을 이용하여 꾸민 모양입니다. 가장 많이 이용한 모양은 가장 적게 이용한 모양보다 몇 개 더 많은가요?

풀이

답 ____________________

설명하는 시각 구하기 069쪽

8 설명하는 시각을 구하세요.

> • 9시와 11시 사이의 시각입니다.
> • 긴바늘이 6을 가리킵니다.
> • 10시보다 빠른 시각입니다.

풀이

답 ____________________

크고 작은 모양의 개수 구하기 071쪽

9 그림에서 찾을 수 있는 크고 작은 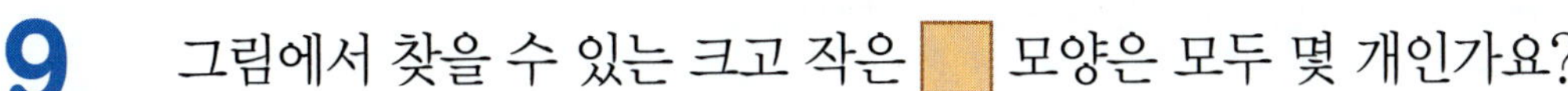 모양은 모두 몇 개인가요?

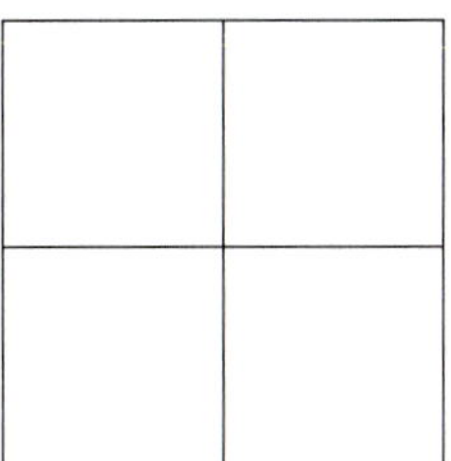

풀이

답 

긴바늘이 한 바퀴 움직였을 때의 시각 구하기 073쪽

10 다음 시계의 긴바늘이 한 바퀴 움직였을 때의 시각을 구하세요.

풀이

답 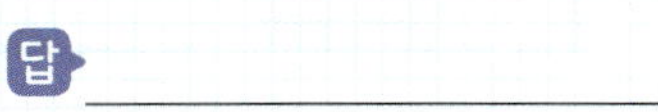

4 덧셈과 뺄셈(2)

FUN 한 이야기

은혁이는 9살이에요.
운동했더니 배고프네……
나도~
꼬르륵
꼬르륵

학원에 가고 있는 은혁이 형이 보이네요.
앗! 우리 형이다!

형은 은혁이보다 3살 많아요.
잘됐다. 형한테 간식 사 달라고 하자.
형도 있고 좋겠다!
형~

형은 몇 살인가요?
왜 부르는 거지? 모르는 척해야겠다.
형! 형!
진짜 너희 형 맞아? 그냥 지나가는데!

은혁이의 나이는 9살이고 /

형은 은혁이보다 3살 더 많습니다. /

형은 몇 살인가요?

→ 9살

→ (형의 나이)＝(은혁이의 나이)＋ ☐

＝9＋ ☐ ＝ ☐ (살)

답 ▶ ＿＿＿＿＿＿＿＿＿ 살

{ 문제 **해결력** 기르기 }

① 덧셈과 뺄셈의 활용

선행 문제 해결 전략

① **구하려는 것**을 먼저 알아본 후

② **+와 − 중** 알맞은 기호를
이용하여 식을 세워 봐~

모두 몇 개,	남은 개수,
더 **많이**,	더 **적게**,
받고, **합**	**주고**, **차**

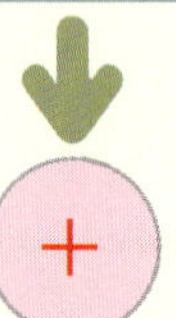 **+**

 **−**

선행 문제 ①

◯ 안에 **+**, **−** 중 알맞은 기호를 써넣으세요.

(1)
> 딸기가 **7**개, 귤이 **9**개 있습니다.
> 딸기와 귤은 모두 몇 개인가요?

풀이 '모두'이므로 덧셈을 한다.

→ 7 ◯ 9

(2)
> 빵 **15**개 중 **8**개를 먹었습니다.
> 남은 빵은 몇 개인가요?

풀이 '남은'이므로 뺄셈을 한다.

→ 15 ◯ 8

실행 문제 ①

색연필이 빨간색은 **5**자루이고/
파란색은 빨간색보다 **8**자루 더 많습니다./
파란색 색연필은 몇 자루인가요?

전략 구하려는 것은 파란색 색연필의 수이다.

❶ 파란색 색연필은 빨간색보다 **8**자루 더
많으므로 (**+** , **−**)를 이용하여 식을
세운다.

전략 ❶에서 답한 기호를 이용하여 식을 세워 보자.

❷ (파란색 색연필의 수)

　=5 ◯ 8 = ☐ (자루)

답 ___________

쌍둥이 문제 1-1

방울토마토를 성혜는 **14**개 먹었고/
은주는 성혜보다 **5**개 더 적게 먹었습니다./
은주가 먹은 방울토마토는 몇 개인가요?

실행 문제 따라 풀기

❶

❷

답 ___________

② 10개씩 담고 남는 물건의 수 구하기

선행 문제 해결 전략

예) 10을 이용하여 모으기와 가르기 하기

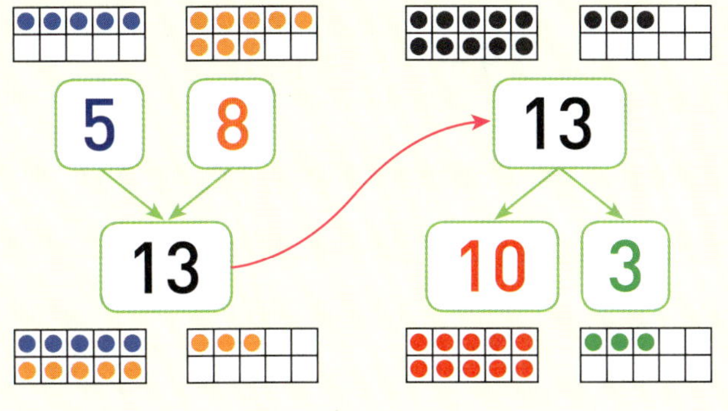

10개씩 담을 때에는 **10을 이용하여**
모으기와 가르기를 한다.

선행 문제 ②

10을 이용하여 모으기와 가르기를 해 보세요.

(1)
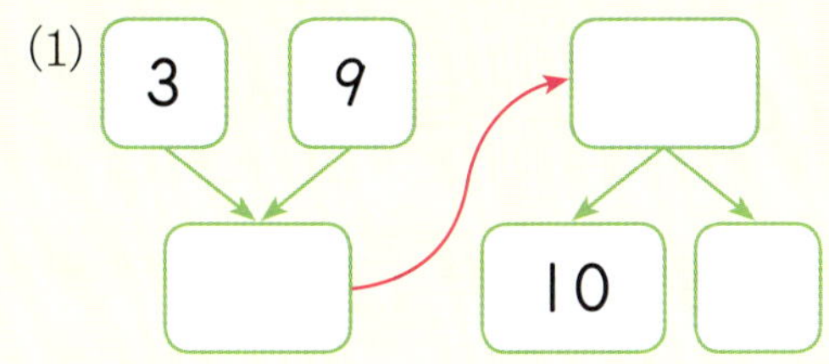

(2)
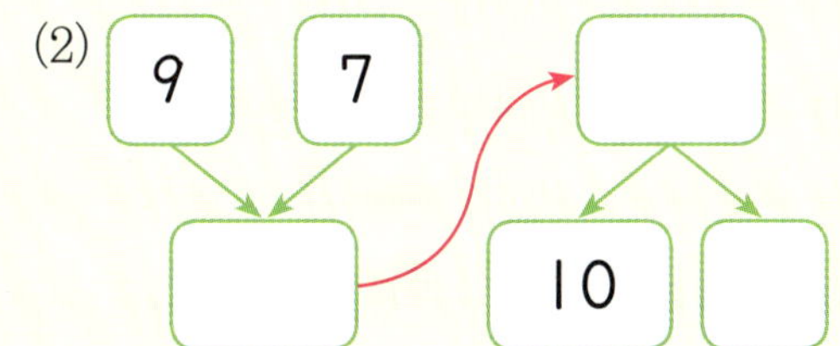

실행 문제 ②

딸기 맛 사탕이 5개, 포도 맛 사탕이 6개 있습니다./
오른쪽 상자에 사탕을 한 칸에 한 개씩 담을 때/
남는 사탕은 몇 개인가요?

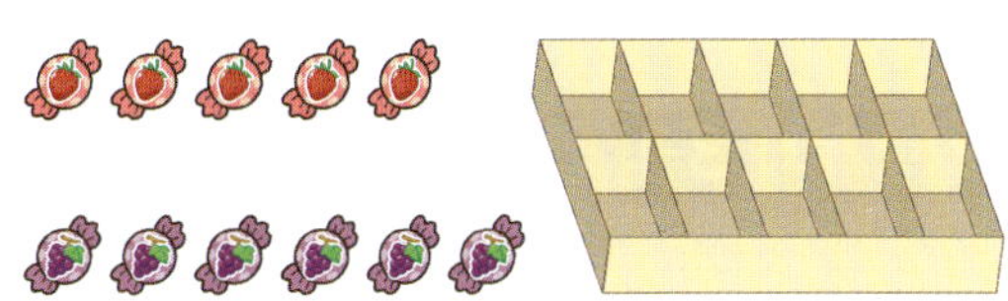

❶ 상자의 칸의 수는 ☐ 칸이다.

[전략] 상자의 칸의 수를 이용하여 사탕의 수를 모으기
와 가르기 하자.

❷
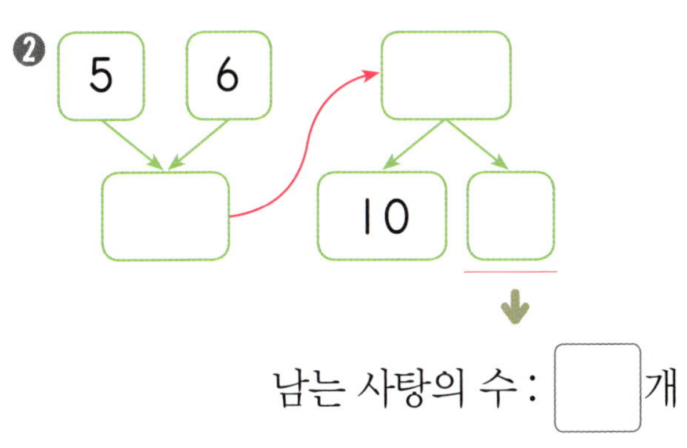

↓

남는 사탕의 수 : ☐ 개

다르게 풀기

❶ (상자의 칸의 수)= ☐ 칸

[전략] (딸기 맛 사탕의 수)+(포도 맛 사탕의 수)

❷ (딸기 맛 사탕과 포도 맛 사탕 수의 합)

$= 5 + ☐ = ☐$ (개)

[전략] (전체 사탕의 수)−(상자의 칸의 수)

❸ (남는 사탕의 수)

$= ☐ - 10 = ☐$ (개)

답 ＿＿＿＿＿＿＿＿＿＿

답 ＿＿＿＿＿＿＿＿＿＿

{ 문제 **해결력** 기르기 }

③ 계산식에서 모르는 수 구하기

선행 문제 해결 전략

예 덧셈식 $6+\square=13$ 에서 $\square$ 구하기

> **13**을 **6**과 몇으로 **가르기** 하여 구하자.

$$6+\square=13$$
$$6 \quad 7$$

예 뺄셈식 $\square-8=4$ 에서 $\square$ 구하기

> **8**과 **4**를 **모으기** 하여 구하자.

$$\square-8=4$$
$$12$$

선행 문제 ③

알맞은 말에 ○표 하세요.

(1)
$$9+\square=11$$

➜ $\square$를 구하려면 11을 9와 몇으로 (모으기 , 가르기) 한다.

(2)
$$\square-5=7$$

➜ $\square$를 구하려면 5와 7을 (모으기 , 가르기) 한다.

실행 문제 3-1

■에 알맞은 수를 구하세요.

$$7+■=15$$

전략 15를 7과 몇으로 가르기 하자.

❶ $7+■=15$
$$7 \quad \square$$

전략 (❶에서 구한 □ 안의 수)=■

❷ $■=\square$

답 _______________

실행 문제 3-2

●에 알맞은 수를 구하세요.

$$●-3=9$$

전략 3과 9를 모으기 하자.

❶ $●-3=9$
$$\square$$

전략 (❶에서 구한 □ 안의 수)=●

❷ $●=\square$

답 _______________

④ 합(차)이 가장 큰 식 만들기

선행 문제 해결 전략

• 덧셈에서 규칙 알아보기
더하는 수(더해지는 수)가 클수록 합이 커진다.

더하는 수 →　　　→ 합
$$6 + 5 = 11$$
$$6 + 6 = 12$$
$$6 + 7 = 13$$

더해지는 수 →　　　→ 합
$$7 + 5 = 12$$
$$8 + 5 = 13$$
$$9 + 5 = 14$$

합이 크게 되려면
더하는 두 수를 크게 해야 한다.

선행 문제 ④

□ 안에 [보기]의 수를 넣어 합이 가장 큰 식을 만들어 보세요.

[보기]
　6　　7　　8

$$5 + \boxed{}$$

풀이 합이 가장 크게 되려면

가장 큰 수인 $\boxed{}$ 을 더해야 한다.

➡ 합이 가장 큰 식: $5 + \boxed{}$

실행 문제 ④

두 상자에서 공을 한 개씩 골라/ 공에 적힌 두 수의 합을 구하려고 합니다./
합이 가장 클 때의 합을 구하세요.

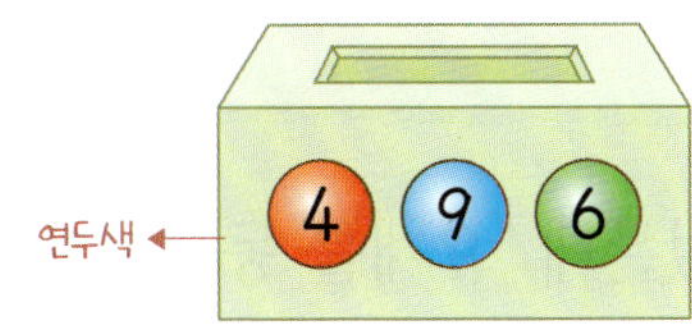

전략 합이 가장 크게 되려면 가장 큰 수를 골라야 한다.

❶ 연두색 상자에서 골라야 하는 수 : $\boxed{}$

❷ 하늘색 상자에서 골라야 하는 수 : $\boxed{}$

전략 (❶에서 고른 수)+(❷에서 고른 수)

❸ 합이 가장 클 때의 합 : $\boxed{} + \boxed{} = \boxed{}$

답  ____________

{ 수학 사고력 키우기 }

덧셈과 뺄셈의 활용

연계학습 84쪽

대표 문제 ❶

도화지를 초희는 **7**장 가지고 있었는데/ 선생님께 **4**장을 더 받았고/
혜성이는 **12**장 가지고 있습니다./
초희와 혜성이 중/ 도화지를 더 많이 가지고 있는 사람은 누구인가요?

구하려는 것은?
초희와 혜성이 중 도화지를 더 많이 가지고 있는 사람

주어진 것은?
- 초희가 처음에 가지고 있던 도화지의 수 : 7장
- 초희가 선생님께 더 받은 도화지의 수 : ☐ 장
- 혜성이가 가지고 있는 도화지의 수 : ☐ 장

해결해 볼까?

❶ 초희가 선생님께 더 받은 후 가지고 있는 도화지는 몇 장?

[전략] (처음에 가지고 있던 도화지의 수)+(선생님께 더 받은 도화지의 수)

답 ______________

❷ 도화지를 더 많이 가지고 있는 사람은 누구?

[전략] 초희와 혜성이가 가지고 있는 도화지의 수를 비교하자.

답 ______________

쌍둥이 문제 1-1

구슬을 성결이는 **18**개 가지고 있었는데/ **9**개를 동생에게 주었고/
아라는 **8**개 가지고 있습니다./
성결이와 아라 중/ 구슬을 더 적게 가지고 있는 사람은 누구인가요?

대표 문제 따라 풀기

❶

❷

답 ______________

10개씩 담고 남는 물건의 수 구하기

연계학습 85쪽

대표 문제 2

땅콩 맛 쿠키가 6개, / 초콜릿 맛 쿠키가 8개 있습니다. /
한 접시에 쿠키를 종류에 상관없이 10개 담으면 /
남는 쿠키는 몇 개인지 구하세요.

주어진 것은?

- 땅콩 맛 쿠키의 수 : 6개, 초콜릿 맛 쿠키의 수 : ☐개

- 한 접시에 담는 쿠키의 수 : ☐개

해결해 볼까?

❶ 빈칸에 알맞은 수 써넣기

전략 한 접시에 담는 쿠키 수를 이용하여 쿠키 수를 모으기와 가르기 하자.

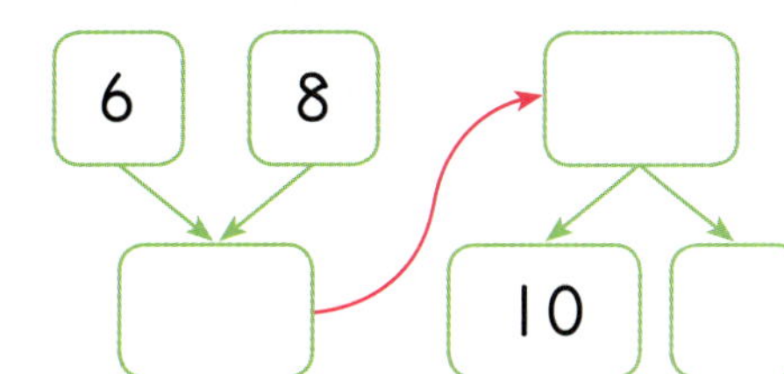

❷ 한 접시에 쿠키를 종류에 상관없이 10개 담으면 남는 쿠키는 몇 개?

답 ______________________

쌍둥이 문제 2-1

초록색 색종이가 8장, / 보라색 색종이가 4장 있습니다. /
한 상자에 색종이를 색깔에 상관없이 10장 담으면 /
남는 색종이는 몇 장인지 구하세요.

대표 문제 따라 풀기

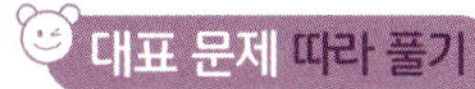

❶

❷

답 ______________________

{ 수학 **사고력** 키우기 }

계산식에서 모르는 수 구하기

연계학습 86쪽

대표 문제 ③

㉠에 알맞은 수를 구하세요.

$$7+5=6+㉠$$

구하려는 것은?

☐에 알맞은 수

어떻게 풀까?

1 계산할 수 있는 $7+5$를 먼저 계산하여 식을 간단히 만든 다음,

2 **1**에서 계산한 수를 가르기 하여 ㉠을 구하자.

해결해 볼까?

❶ $7+5$를 계산하여 식을 간단히 쓰면?

전략 ▷ 계산할 수 있는 덧셈식을 먼저 계산하자.

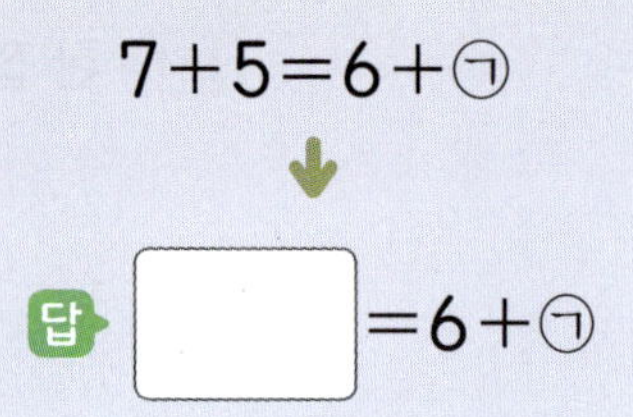

❷ ㉠에 알맞은 수는?

전략 ▷ 12를 6과 몇으로 가르기 하자.

답 ____________________

쌍둥이 문제 3-1

㉡에 알맞은 수를 구하세요.

$$㉡+4=8+3$$

대표 문제 따라 풀기

❶

❷

답 ____________________

4

덧셈과 뺄셈(2)

합(차)이 가장 큰 식 만들기

연계학습 87쪽

대표 문제 4

공을 2개 골라 / 공에 적힌 두 수의 차를 구하려고 합니다. /
차가 가장 클 때의 차를 구하세요.

구하려는 것은? 차가 가장 클 때의 차

어떻게 풀까?

빼지는 수가 클수록 차가 크다.	빼는 수가 작을수록 차가 크다.
$12-7=5$ $13-7=6$ $14-7=7$ → 빼지는 수	$12-7=5$ $12-6=6$ $12-5=7$ → 빼는 수

해결해 볼까?

❶ 차가 가장 크게 되려면?

답 가장 큰 수에서 가장 (큰 , 작은) 수를 빼야 한다.

❷ 차가 가장 크게 되는 두 수를 골라 차를 구하면?

전략 가장 큰 수와 가장 작은 수를 찾아 뺄셈식을 쓰자.

식 ☐ − ☐   답 ____________

쌍둥이 문제 4-1

수 카드 2장을 골라 / 카드에 적힌 두 수의 차를 구하려고 합니다. /
차가 가장 클 때의 차를 구하세요.

대표 문제 따라 풀기

❶

❷

답 ____________

{ 수학 독해력 완성하기 }

😊 더 붙인 붙임딱지 수를 구해 덧셈하기

지아가 붙임딱지를 **9**개 붙인 다음/
몇 개를 더 붙여 빈칸을 모두 채웠습니다./
지아가 붙인 붙임딱지는 모두 몇 개인지 구하세요.

해결해 볼까? ❶ 빈칸에 ○를 그리며 수를 세면 몇 개?

답 _______________

❷ 지아가 붙인 붙임딱지는 모두 몇 개?

전략 (붙어 있던 붙임딱지 수)+(❶에서 센 ○의 수)

답 _______________

😊 덧셈과 뺄셈의 활용

🅒 연계학습 88쪽

자두 **11**개 중에서 **2**개를 먹었습니다./
어머니께서 자두 **6**개를 더 사 오셨을 때/ 지금 있는 자두는 몇 개인지 구하세요.

해결해 볼까? ❶ 2개를 먹은 후 남은 자두는 몇 개?

전략 (처음에 있던 자두 수)−(먹은 자두 수)

답 _______________

❷ 지금 있는 자두는 몇 개?

전략 (❶에서 구한 자두 수)+(더 사 온 자두 수)

답 _______________

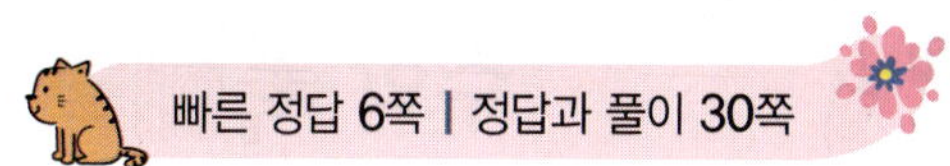

덧셈과 뺄셈의 활용

연계학습 88쪽

독해 문제 3

진호는 동화책을 어제는 8쪽 읽고, / 오늘은 7쪽 읽었습니다. /
수라는 동화책을 어제는 5쪽 읽고, / 오늘은 9쪽 읽었습니다. /
진호와 수라 중 / 어제와 오늘 동화책을 더 많이 읽은 사람은 누구인가요?

구하려는 것은? 진호와 수라 중 어제와 오늘 동화책을 더 많이 읽은 사람

주어진 것은?
- 진호가 읽은 동화책의 쪽수 : 어제 8쪽, 오늘 ☐쪽
- 수라가 읽은 동화책의 쪽수 : 어제 ☐쪽, 오늘 9쪽

어떻게 풀까?
진호 : (어제 읽은 쪽수)+(오늘 읽은 쪽수)
수라 : (어제 읽은 쪽수)+(오늘 읽은 쪽수) → 쪽수를 비교하자.

해결해 볼까?

❶ 진호가 어제와 오늘 읽은 동화책의 쪽수는 몇 쪽?

전략 (진호가 어제 읽은 동화책의 쪽수)+(진호가 오늘 읽은 동화책의 쪽수)

 답 ____________

❷ 수라가 어제와 오늘 읽은 동화책의 쪽수는 몇 쪽?

전략 (수라가 어제 읽은 동화책의 쪽수)+(수라가 오늘 읽은 동화책의 쪽수)

답 ____________

❸ 진호와 수라 중 어제와 오늘 동화책을 더 많이 읽은 사람은 누구?

전략 ❶과 ❷에서 구한 쪽수를 비교하자.

 답 ____________

{ 수학 **독해력** 완성하기 }

☺ **꺼내야 하는 공의 수 구하기**

꺼낸 공에 적힌 두 수의 합이 크면/ 이기는 놀이를 하고 있습니다./
민재가 이기려면/ 두 번째로 어떤 수의 공을 꺼내야 하는지/ 모두 구하세요.

☺ **구하려는 것은?** 민재가 이기려면 두 번째로 꺼내야 하는 공의 수

☺ **어떻게 풀까?**
예준: 7과 4의 합
민재: 5와 두 번째로 꺼내야 하는 공의 수 의 합
↓
큰 수부터 꺼내 보자.

☺ **해결해 볼까?**

❶ 예준이가 꺼낸 두 공에 적힌 두 수의 합은?

답 ________________

❷ ☐ 안에 알맞은 수를 써넣으면?

> 민재가 이기려면 꺼낸 공에 적힌 두 수의 합이 ☐ 보다 커야 한다.

❸ 민재가 꺼낸 두 공에 적힌 두 수의 합 구하기

[전략] 큰 수부터 순서대로 써넣어 합을 구하자.

$5+$ ☐ $=$ ☐ , $5+$ ☐ $=$ ☐ , $5+$ ☐ $=$ ☐

가장 큰 수

❹ 민재가 두 번째로 꺼내야 하는 공에 적힌 수를 모두 쓰면?

[전략] ❸에서 구한 합이 ❶에서 구한 합보다 큰 경우를 모두 찾자.

답 

수 카드로 뺄셈식 만들기

독해 문제 5

3장의 수 카드 9 , 17 , 8 을 한 번씩만 사용하여/
뺄셈식을 만들려고 합니다./
만들 수 있는 뺄셈식을 모두 쓰세요.

$$ \boxed{㉠} - \boxed{㉡} = \boxed{㉢} $$

구하려는 것은? 만들 수 있는 뺄셈식 모두 쓰기

어떻게 풀까?
1 ㉠과 ㉡ 중 더 커야 할 수를 알아보고,
2 ㉠에 놓는 수에 따라 ㉡에 놓을 수를 찾아 뺄셈식을 만들어 계산한 후,
3 2의 뺄셈식에서 3장의 수 카드를 모두 이용한 뺄셈식을 찾자.

해결해 볼까?

❶ 알맞은 말에 ◯표 하기

뺄셈식에서 ㉠은 ㉡보다 (작아야 , 커야) 한다.

❷ ㉠=17일 때 ㉡에 놓을 수 카드를 모두 찾아 뺄셈식 쓰기

식 ▶ $\boxed{^{㉠}17} - \boxed{^{㉡}} = \boxed{}$, $\boxed{^{㉠}17} - \boxed{^{㉡}} = \boxed{}$

❸ ㉠=9일 때 ㉡에 놓을 수 카드를 찾아 뺄셈식 쓰기

식 ▶ $\boxed{^{㉠}9} - \boxed{^{㉡}} = \boxed{}$

❹ 주어진 수 카드로 만들 수 있는 뺄셈식 모두 쓰기

전략 ▶ ❷와 ❸에서 쓴 뺄셈식 중 ㉢도 주어진 수 카드인 식을 찾자.

식 ▶ $\boxed{} - \boxed{} = \boxed{}$, $\boxed{} - \boxed{} = \boxed{}$

STEP 4 { 창의·융합·코딩 **체험**하기 }

[코딩 **1**~**2**] 〔보기〕와 같이 로봇이 명령에 따라 지나간 칸에 쓰여 있는 수를 모두 더하세요.

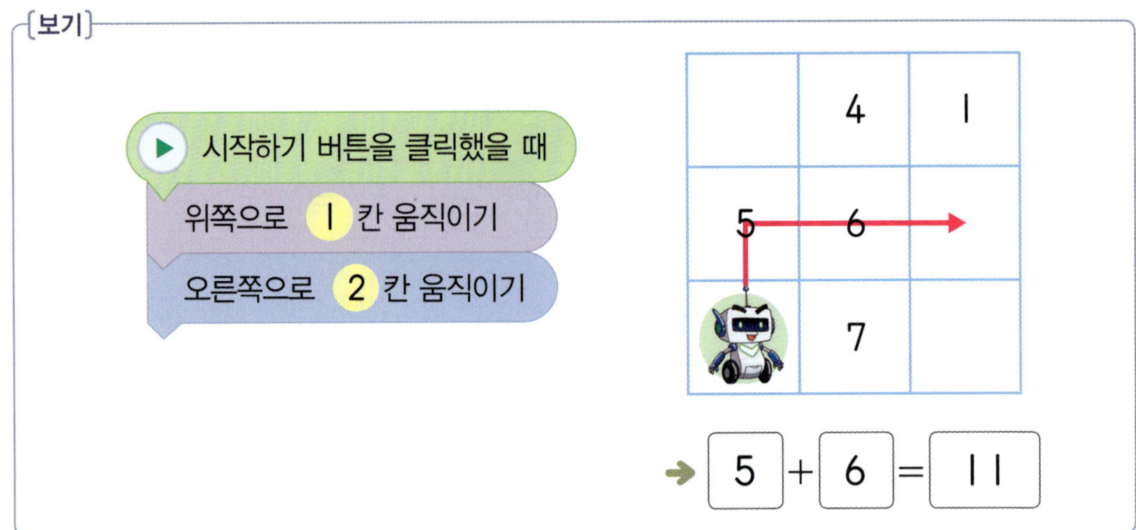

코딩 1

→ ☐ + ☐ = ☐

코딩 2

→ ☐ + ☐ = ☐

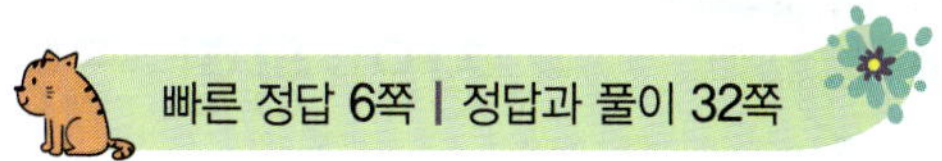

창의 3 〔보기〕를 보고 두 수의 덧셈을 세 수의 덧셈으로 고쳐 계산하세요.

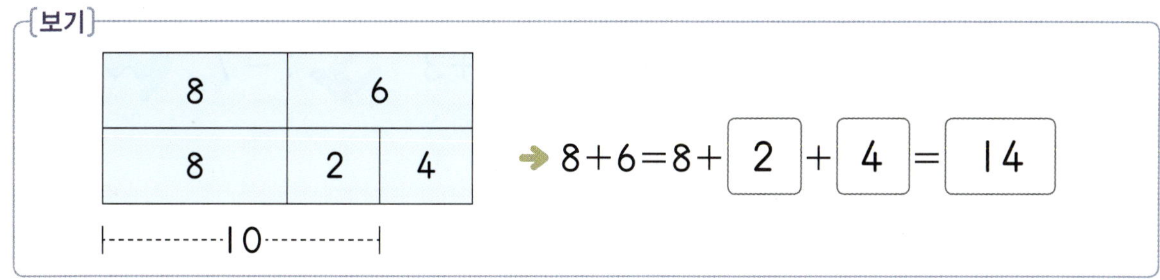

〔보기〕

8	6	
8	2	4

|------------10------------|

→ $8+6=8+\boxed{2}+\boxed{4}=\boxed{14}$

(1)

9	4	
9	1	3

|------------10------------|

→ $9+4=9+\boxed{}+\boxed{}=\boxed{}$

(2)

5	7	
2	3	7

|------------10------------|

→ $5+7=\boxed{}+\boxed{}+7=\boxed{}$

창의 4 사다리를 타고 내려간 빈 곳에 계산 결과를 써넣으세요.

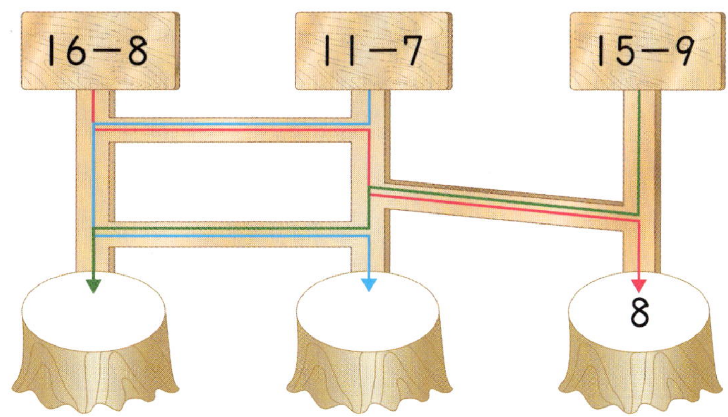

{ 창의·융합·코딩 **체험**하기 }

[코딩 5~6] 화살표의 규칙에 맞게 빈칸에 알맞은 수를 써넣으세요.

코딩 5

코딩 6

창의 7 계산 결과가 작은 것부터 순서대로 점을 이으세요.

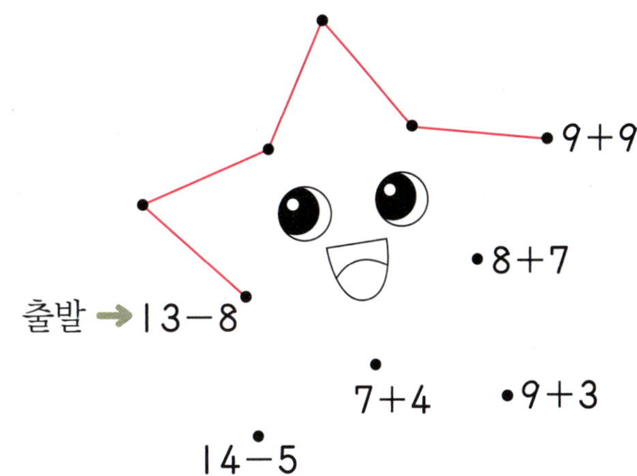

창의 8 하준이와 서윤이가 덧셈 놀이를 하고 있습니다./
모니터에 나타난 두 수의 합이 쓰여진 칸에 각각 색칠하고/
색칠된 칸이 두 줄이 되는 사람의 이름을 쓰세요.

하준

2	12	4
15	17	13
9	18	6

서윤

9	4	17
6	13	8
12	15	2

답  ______________

10을 이용하여 가르기

1 사탕이 14개 있습니다. 상자에 사탕을 10개 담으면 남는 사탕은 몇 개인가요?

풀이

답 ________________

모두 몇 개인지 구하기

2 흰색 바둑돌이 6개, 검은색 바둑돌이 6개 있습니다. 바둑돌은 모두 몇 개인가요?

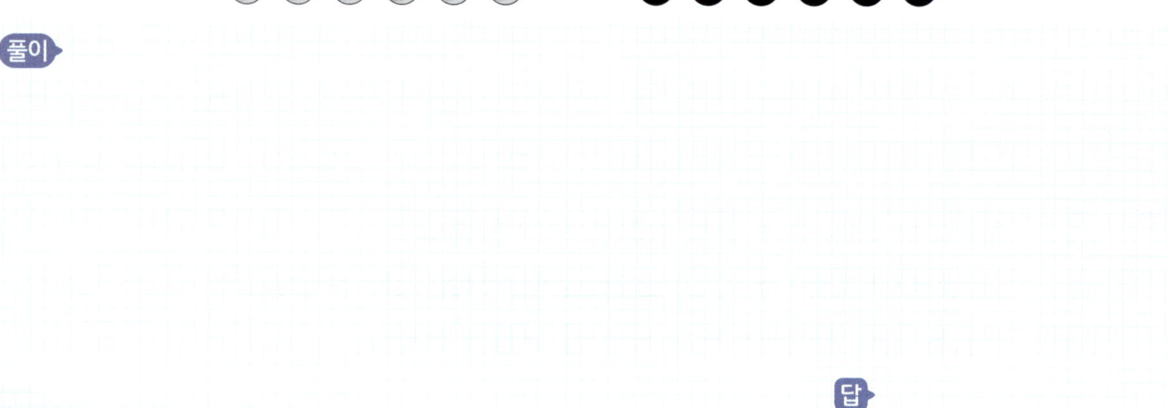

풀이

답 ________________

두 수의 차 구하기

3 공을 진호는 16개, 은진이는 7개 가지고 있습니다. 진호는 은진이보다 공을 몇 개 더 많이 가지고 있나요?

풀이

답 ________________

설명하는 수 구하기

4 설명하는 수를 구하세요.

> 13보다 5만큼 더 작은 수

풀이▶

답 ________________

덧셈과 뺄셈의 활용 88쪽

5 연필을 지아는 8자루 가지고 있었는데 언니에게 4자루를 더 받았고 유천이는 13자루 가지고 있습니다. 지아와 유천이 중 연필을 더 많이 가지고 있는 사람은 누구인가요?

풀이▶

답 ________________

더 붙인 붙임딱지 수를 구해 덧셈하기 92쪽

6 수희가 붙임딱지를 5개 붙인 다음 몇 개를 더 붙여 빈칸을 모두 채웠습니다. 수희가 붙인 붙임딱지는 모두 몇 개인가요?

풀이▶

답 ________________

덧셈과 뺄셈 (2)

{ 실전 **마무리** 하기 }

10개씩 담고 남는 물건의 수 구하기 89쪽

7 빨간색 파프리카가 7개, 초록색 파프리카가 8개 있습니다. 한 봉지에 파프리카를 색깔에 상관없이 10개 담는다면 남는 파프리카는 몇 개인가요?

풀이

답 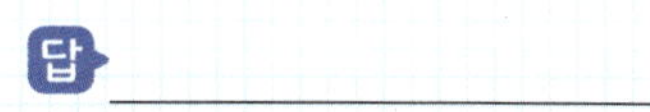

계산식에서 모르는 수 구하기 90쪽

8 ㉠에 알맞은 수를 구하세요.

$$5+6=9+㉠$$

풀이

답 ___________________

합(차)이 가장 큰 식 만들기 91쪽

9 수 카드 2장을 골라 카드에 적힌 두 수의 차를 구하려고 합니다. 차가 가장 클 때의 차를 구하세요.

풀이 ▶

답 ______________________

꺼내야 하는 공의 수 구하기 94쪽

10 꺼낸 공에 적힌 두 수의 합이 크면 이기는 놀이를 하고 있습니다. 유찬이가 이기려면 두 번째로 어떤 수의 공을 꺼내야 하는지 쓰세요.

풀이 ▶

답 ______________________

5 규칙 찾기

길을 따라 세워 놓은 바람개비의 색깔 규칙을 찾아 말해 보자.

규칙 바람개비의 색깔이 노란색, [   ]색, [   ]색이 반복됩니다.

보도블록의 줄별로 규칙을 찾아 말해 보자.

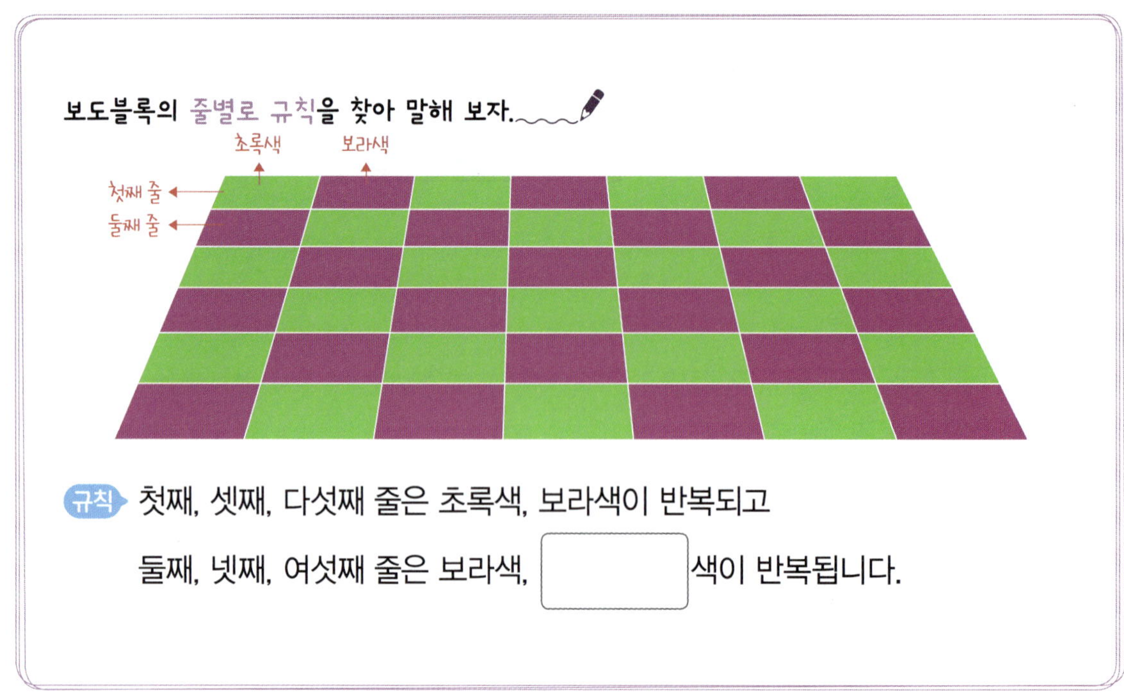

규칙 첫째, 셋째, 다섯째 줄은 초록색, 보라색이 반복되고

둘째, 넷째, 여섯째 줄은 보라색, [   ]색이 반복됩니다.

쓸 줄 알아야 **진짜 실력!**

1	2	3	4	5	6	7	8	9	10
11	12	13	14	15	16	17	18	19	20
21	22	23	24	25	26	27	28	29	30
31	32	33	34	35	36	37	38	39	40
41	42	43	44	45	46	47	48	49	50
51	52	53	54	55	56	57	58	59	60
61	62	63	64	65	66	67	68	69	70
71	72	73	74	75	76	77	78	79	80
81	82	83	84	85	86	87	88	89	90
91	92	93	94	95	96	97	98	99	100

{ 문제 해결력 기르기 }

1 규칙을 찾아 빈칸에 들어갈 것의 수 구하기

• 규칙 찾기

> **규칙을 찾으려면**
> **반복되는 부분**을 살펴보자.

(1)
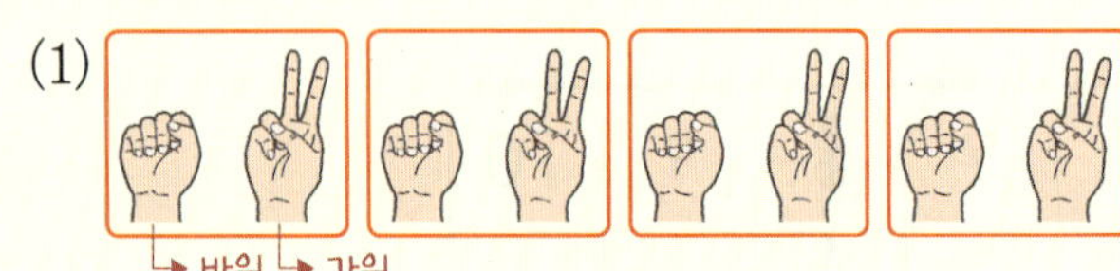

규칙 ▶ 바위 — 가위가 반복된다.

(2)

규칙 ▶ 축구공 — 배구공 — 축구공이 반복된다.

반복되는 부분을 찾아 왼쪽부터 모두 ○로 묶고 규칙을 쓰세요.

(1)

규칙 ▶ 수박 — ☐ 가 반복된다.

(2)

규칙 ▶ 가위 — ☐ — ☐ 이 반복된다.

규칙에 따라/ ㉠에 들어갈 주사위 눈의 수를 구하세요.

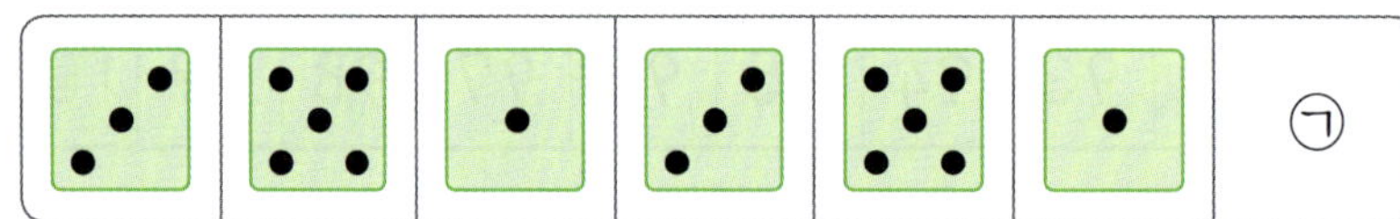

❶ 반복되는 부분을 찾아 왼쪽부터 모두 ○로 묶어 보자.

전략 ▷ 반복되는 부분의 주사위 눈의 수를 쓰자.

❷ 주사위 눈의 수의 규칙 : 3 — ☐ — ☐ 이 반복된다.

전략 ▷ ❷의 규칙에서 주사위 눈의 수 1 다음에 들어갈 주사위 눈의 수를 알아보자.

❸ ㉠에 들어갈 주사위 눈의 수 : ☐

답 ______________

② 규칙에 따라 빈 곳에 알맞은 색깔 구하기

선행 문제 해결 전략

첫 번째 색깔이 다시
나오는 곳을 찾아
반복되는 색깔을 찾아보자.

예 첫 번째 색깔이 다시 나온다.

분홍색
초록색

반복되지 않는다.

첫 번째 색깔이 다시 나온다.

반복된다.

규칙 분홍색 – 초록색 – 분홍색이 반복된다.

선행 문제 ②

반복되는 색깔을 찾아 규칙을 쓰세요.

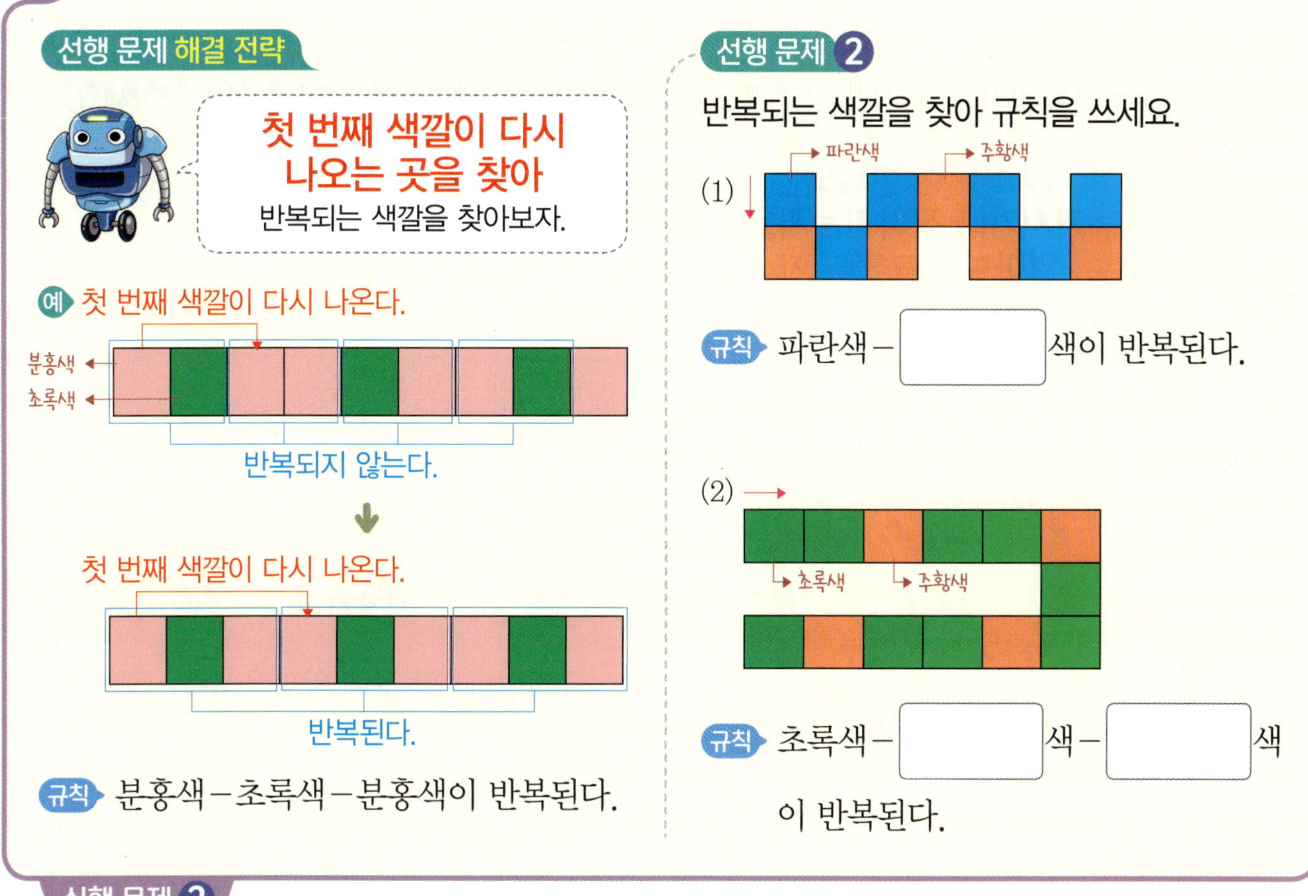

(1)

규칙 파란색 – [   ]색이 반복된다.

(2)

규칙 초록색 – [   ]색 – [   ]색
이 반복된다.

실행 문제 ②

목도리를 꾸민 규칙에 따라/ ㉠과 ㉡에 알맞은 색깔을 각각 구하세요.

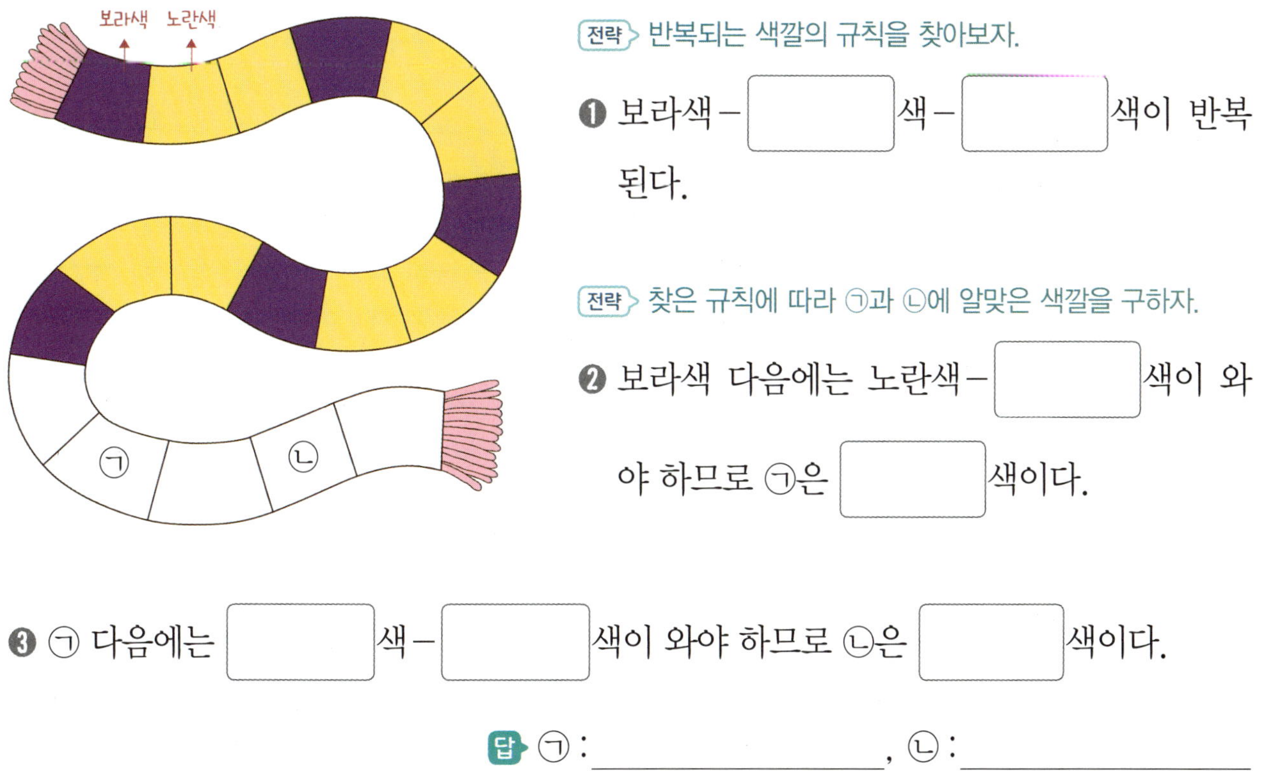

전략 반복되는 색깔의 규칙을 찾아보자.

❶ 보라색 – [   ]색 – [   ]색이 반복
된다.

전략 찾은 규칙에 따라 ㉠과 ㉡에 알맞은 색깔을 구하자.

❷ 보라색 다음에는 노란색 – [   ]색이 와

야 하므로 ㉠은 [   ]색이다.

❸ ㉠ 다음에는 [   ]색 – [   ]색이 와야 하므로 ㉡은 [   ]색이다.

답 ㉠ : _______________ , ㉡ : _______________

{ 문제 **해결력** 기르기 }

③ 규칙에 따라 ■번째에 놓이는 것 구하기

선행 문제 해결 전략

• 수 배열에서 규칙 찾기

예 2 ─ 5 ─ 2 ─ 5 ─

2와 5가 반복되는 규칙이다.
→ 빈칸에 알맞은 수는 2이다.

예 1 ─ 3 ─ 5 ─ 7 ─

1부터 시작하여 **2씩 커지는** 규칙이다.
→ 빈칸에 알맞은 수는 7+**2**=9이다.

선행 문제 ③

규칙에 따라 빈 곳에 알맞은 수를 구하세요.

(1) 7 ─ 8 ─ 7 ─ 8 ─

풀이 7과 ☐ 이 반복되는 규칙이다.

빈 곳에 알맞은 수는 ☐ 이다.

(2) 3 ─ 9 ─ 15 ─ 21 ─

풀이 3부터 시작하여 ☐ 씩 커지는

규칙이다. 빈 곳에 알맞은 수는

21+ ☐ = ☐ 이다.

실행 문제 ③

규칙에 따라 수를 늘어놓았습니다. / 7번째에 놓이는 수를 구하세요.

| 4 6 8 10 12 …… |

→ 5번째

전략 몇씩 커지는 규칙인지 알아보자.

❶ 4부터 시작하여 ☐ 씩 커지는 규칙이다.

전략 (6번째에 놓이는 수)=(5번째에 놓이는 수)+2
(7번째에 놓이는 수)=(6번째에 놓이는 수)+2

❷ (6번째에 놓이는 수)=12+ ☐ = ☐

(7번째에 놓이는 수)= ☐ + ☐ = ☐

답 ___________

 **④ 찢어진 수 배열표에서 모르는 수 구하기**

선행 문제 해결 전략

• 수 배열표에서 규칙 찾기

11	12	13	14	15	16	17	18	19	20
21	22	23	24	25	26	27	28	29	30
31	32	33	34	35	36	37	38	39	40

21 22 23 24 25 26 27 28 29 30
1큰수 1큰수 1큰수 1큰수 1큰수 1큰수 1큰수 1큰수 1큰수

●●● 에 있는 수는 **21**부터 시작하여
오른쪽으로 1칸 갈 때마다 **1씩 커진다.**

17
　10 큰 수
27
　10 큰 수
37

●●● 에 있는 수는 **17**부터 시작하여
아래쪽으로 1칸 갈 때마다 **10씩 커진다.**

선행 문제 ④

수 배열표에서 ●●● 와 ●●● 에 있는 수에는 어떤 규칙이 있는지 쓰세요.

41	42	43	44	45	46	47	48	49	50
51	52	53	54	55	56	57	58	59	60
61	62	63	64	65	66	67	68	69	70
71	72	73	74	75	76	77	78	79	80
81	82	83	84	85	86	87	88	89	90

규칙1

●●● 에 있는 수는 **71**부터 시작하여

오른쪽으로 1칸 갈 때마다 ☐ 씩 커진다.

규칙2

●●● 에 있는 수는 **49**부터 시작하여

아래쪽으로 1칸 갈 때마다 ☐ 씩 커진다.

실행 문제 ④

오른쪽 찢어진 수 배열표에서/ ■에 알맞은 수를 구하세요.

46	47	48		
56				60
			■	

전략 46에서 56으로 얼마가 커졌는지 알아보자.

❶ 수 배열표에서 아래쪽으로 1칸 갈 때마다

☐ 씩 커진다.

전략 ■는 48부터 아래쪽으로 2칸 간 것이다.

❷ 48부터 시작하여 아래쪽으로 1칸 갈 때마다 ☐ 씩 커지므로

48─☐─☐ 이다.

➜ ■에 알맞은 수: ☐

답 ___________

{ 수학 사고력 키우기 }

규칙을 찾아 빈칸에 들어갈 것의 수 구하기

연계학습 106쪽

대표 문제 1

규칙에 따라/ ㉠과 ㉡에 들어갈 펼친 손가락은 각각 몇 개인지 구하세요.

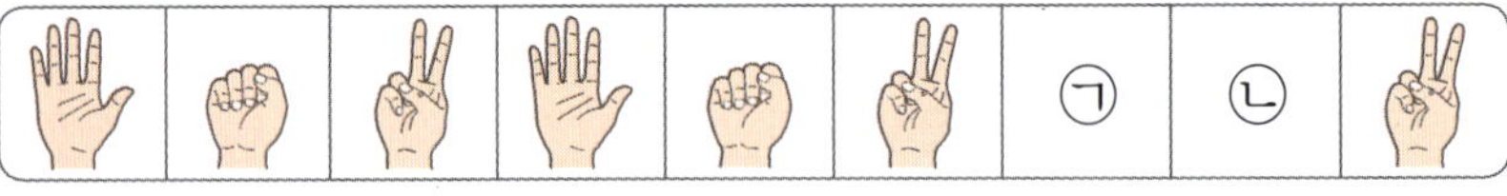

구하려는 것은?
㉠과 ㉡에 들어갈 펼친 손가락의 수

어떻게 풀까?
1 반복되는 부분을 찾고
2 규칙에 따라 ㉠과 ㉡에 들어갈 펼친 손가락의 수를 각각 구하자.

해결해 볼까?

❶ 펼친 손가락의 수의 규칙을 쓰면?

전략 › 반복되는 부분은 가위, 보, 바위이다.

펼친 손가락은 ☐개 ─ ☐개 ─ ☐개가 반복된다.

❷ ㉠과 ㉡에 들어갈 펼친 손가락은 각각 몇 개?

답 ㉠ : ___________ 개, ㉡ : ___________ 개

쌍둥이 문제 1-1

규칙에 따라/ ㉠과 ㉡에 들어갈 펼친 손가락은 각각 몇 개인지 구하세요.

대표 문제 따라 풀기

❶

❷

답 ㉠ : ___________ 개, ㉡ : ___________ 개

규칙에 따라 빈 곳에 알맞은 색깔 구하기

연계학습 107쪽

대표 문제 2

규칙에 따라/ 보도블록을 색칠하여 산책로를 완성하려고 합니다. /
빈 곳에 하늘색으로 몇 칸 더 칠해야 하는지 구하세요.

구하려는 것은?

더 칠해야 하는 [ ] 색 칸의 수

해결해 볼까?

❶ 보도블록의 반복되는 색깔의 규칙을 쓰면?

[ ] 색 — [ ] 색 — [ ] 색이 반복된다.

❷ 규칙에 따라 보도블록을 색칠해 보면?

전략 ❶에서 찾은 규칙에 따라 색칠해 보자.

❸ 더 칠해야 하는 하늘색은 몇 칸?

답 ________________

5

규칙 찾기

111

쌍둥이 문제

2-1

규칙에 따라/ 다음과 같이 색깔 구슬을 꿰어 목걸이를 완성하려고 합니다. /
더 필요한 보라색 구슬은 몇 개인지 구하세요.

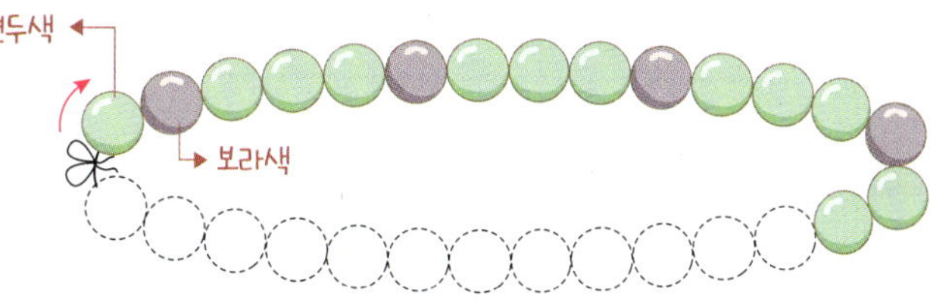

대표 문제 따라 풀기

❶

❷

❸

답 ________________

{ 수학 **사고력** 키우기 }

규칙에 따라 ■번째에 놓이는 것 구하기

연계학습 108쪽

대표 문제 ③

규칙에 따라 바둑돌을 늘어놓았습니다. /
12번째에 놓이는 바둑돌은 무슨 색인지 구하세요.

○ ● ● ○ ● ● ○ ● ● ……

구하려는 것은?

[ ] 번째에 놓이는 바둑돌의 색

해결해 볼까?

❶ 바둑돌을 늘어놓은 규칙을 쓰면?

[전략] 반복되는 부분을 찾자.

[ ] – [ ] – [ ] 이 반복된다.

❷ 규칙에 따라 바둑돌 12개를 늘어놓을 때 빈칸에 알맞은 바둑돌을 그려 보면?

○ ● ● ○ ● ● ○ ● ● [ ] [ ] [ ]

❸ 12번째에 놓이는 바둑돌은 무슨 색?

답 ___________________

쌍둥이 문제 3-1

규칙에 따라 바둑돌을 늘어놓았습니다. /
13번째에 놓이는 바둑돌은 무슨 색인지 구하세요.

대표 문제 따라 풀기

❶

❷

❸

답 ___________________

찢어진 수 배열표에서 모르는 수 구하기

연계학습 109쪽

대표 문제 4

오른쪽 찢어진 수 배열표에서 /
■에 알맞은 수를 구하세요.

33	34	35	36	
43	44			
53				
				■

어떻게 풀까?

1 수 배열표에서 오른쪽으로 갈수록 몇씩 커지는지 구하고

2 아래쪽으로 갈수록 몇씩 커지는지 구한 다음,

3 36부터 시작하여 오른쪽으로 몇 칸, 아래쪽으로 몇 칸 갔는지 알아보고 ■에 알맞은 수를 구하자.

해결해 볼까?

❶ 오른쪽으로 갈수록 몇씩 커지는지 구하면?

전략 33부터 시작하여 오른쪽으로 갈수록 몇씩 커지는지 알아보자.

답 ___________씩

❷ 아래쪽으로 갈수록 몇씩 커지는지 구하면?

전략 33부터 시작하여 아래쪽으로 갈수록 몇씩 커지는지 알아보자.

답 ___________씩

❸ ■에 알맞은 수는?

전략 36부터 시작하여 오른쪽으로 1칸, 아래쪽으로 3칸 간 수를 구하자.

답 ___________

113

쌍둥이 문제 4-1

오른쪽 찢어진 수 배열표에서 /
■에 알맞은 수를 구하세요.

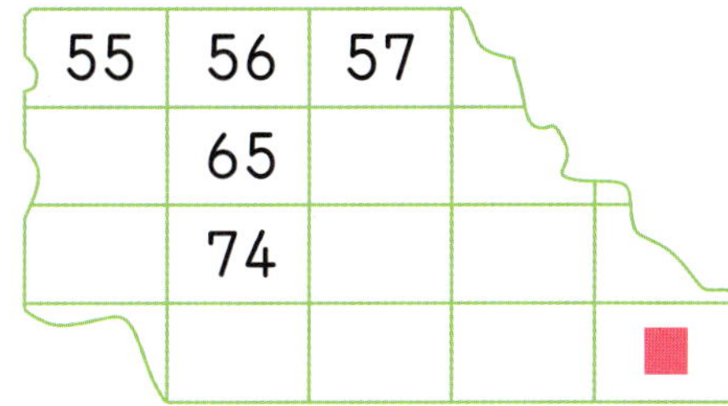

55	56	57	
	65		
	74		
			■

대표 문제 따라 풀기

❶

❷

❸

답 ___________

규칙 찾기

5

{ 수학 독해력 완성하기 }

🙂 시계에서 규칙 찾기

독해 문제 1

규칙에 따라/ 빈 시계에 알맞은 시각을 나타내 보세요.

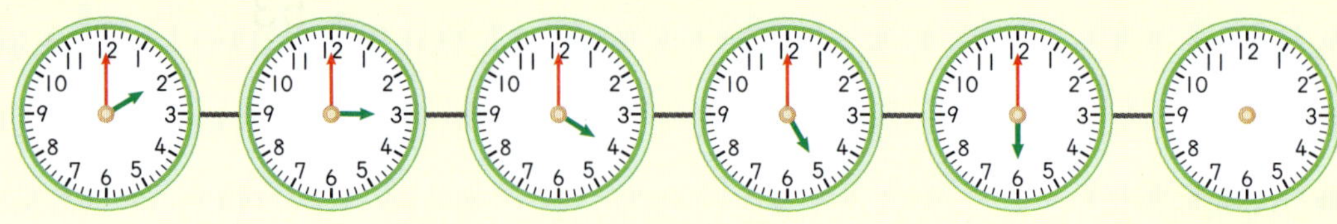

해결해 볼까?

❶ 시계가 나타내는 시각의 규칙을 쓰면?

> 긴바늘이 가리키는 숫자는 항상 ☐ 이고,
>
> 짧은바늘이 가리키는 숫자는 ☐ 씩 커진다.

❷ 규칙에 따라 위 빈 시계에 알맞은 시각을 나타내기

[전략] 위 ❶에서 찾은 규칙에 따라 두 시곗바늘을 그려 보자.

🙂 규칙을 여러 가지 방법으로 나타내기

독해 문제 2

규칙을 0, 2, 5로 나타내려고 합니다./
빈칸에 들어갈 수의/ 합을 구하세요.

✌	🖐	✊	✌	✌	🖐	✊	✌
2	5	2				0	2

해결해 볼까?

❶ 규칙을 찾아 위 빈칸을 채우면?

[전략] 손 모양의 규칙을 찾아 수로 바꿔 나타내자.

❷ 위 ❶에서 쓴 수의 합을 구하면?

답 ________________

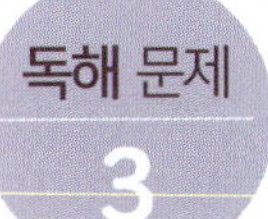

수 배열에서 규칙 찾기

독해 문제
3

〔보기〕와 같은 규칙으로 수를 늘어놓은 것입니다. /
㉠에 알맞은 수를 구하세요.

〔보기〕
$$25-22-19-16-13-10$$

$$77 \; - \; \boxed{} \; - \; \boxed{} \; - \; ㉠ \; - \; \boxed{} \; - \; 62$$

구하려는 것은? ㉠에 알맞은 수

주어진 것은? 〔보기〕의 수 : $25 - \boxed{} - 19 - 16 - \boxed{} - 10$

어떻게 풀까?

1 〔보기〕에 있는 수의 규칙을 찾고

➡ $25-22-19-16-13-10$

3 작은 수 3 작은 수 3 작은 수 3 작은 수 3 작은 수

2 **1**의 규칙에 따라 77부터 시작하여 ㉠에 알맞은 수를 구하자.

해결해 볼까?

❶ 〔보기〕의 규칙을 쓰면?

전략 몇씩 작아지는지 알아보자.

25부터 시작하여 $\boxed{}$ 씩 작아진다.

❷ **❶**의 규칙에 따라 빈칸에 알맞은 수 써넣기

$$77 \; - \; \boxed{} \; - \; \boxed{} \; - \; \boxed{} \; - \; \boxed{} \; - \; 62$$

❸ ㉠에 알맞은 수는?

답  _______________

5

규칙 찾기

115

{ 수학 독해력 완성하기 }

규칙에 따라 빈 곳에 알맞은 색깔 구하기

연계학습 111쪽

독해 문제 4

규칙에 따라/ 색깔 전구를 달아 벽을 장식하려고 합니다./
빈 곳에 알맞은 초록색 전구는/ 빨간색 전구보다 몇 개 더 많은지 구하세요.

구하려는 것은? 빈 곳에 알맞은 초록색 전구 수와 빨간색 전구 수의 (합 , 차)

어떻게 풀까?
1 벽에 달린 색깔 전구의 규칙을 찾고
2 규칙에 따라 나머지 전구를 색칠해 본 다음
3 2에서 색칠한 전구를 보고 초록색 전구 수와 빨간색 전구 수의 차를 구하자.

해결해 볼까?

❶ 벽에 달린 색깔 전구의 규칙을 쓰면?

전략 반복되는 부분을 찾자.

> 초록색 — 초록색 — [   ] — [   ]이
> 반복된다.

❷ 규칙에 따라 위 나머지 전구를 색칠해 보면?

전략 위 ❶에서 찾은 규칙에 따라 색칠해 보자.

❸ 위 ❷에서 색칠한 초록색 전구와 빨간색 전구는 각각 몇 개?

답 초록색 : _________________, 빨간색 : _________________

❹ 빈 곳에 알맞은 초록색 전구는 빨간색 전구보다 몇 개 더 많은지 구하면?

답 _________________

규칙에 따라 ■번째에 놓이는 것 구하기

연계학습 112쪽

독해 문제 5

규칙에 따라 바둑돌을 늘어놓았습니다. /
바둑돌 12개를 늘어놓는다면 / 흰색 바둑돌은 모두 몇 개인지 구하세요.

구하려는 것은? 바둑돌 ☐ 개를 늘어놓았을 때 흰색 바둑돌의 수

어떻게 풀까?

1 바둑돌을 늘어놓은 규칙을 찾고

2 규칙에 따라 바둑돌 12개를 그려 본 다음,

3 2에서 그린 바둑돌을 보고 흰색 바둑돌의 수를 세어 보자.

해결해 볼까?

❶ 바둑돌을 늘어놓은 규칙을 쓰면?

전략 ▷ 반복되는 부분을 찾자.

☐ – ☐ – ☐ 이 반복된다.

❷ 규칙에 따라 바둑돌 12개를 늘어놓을 때 빈칸에 알맞은 바둑돌을 그려 보면?

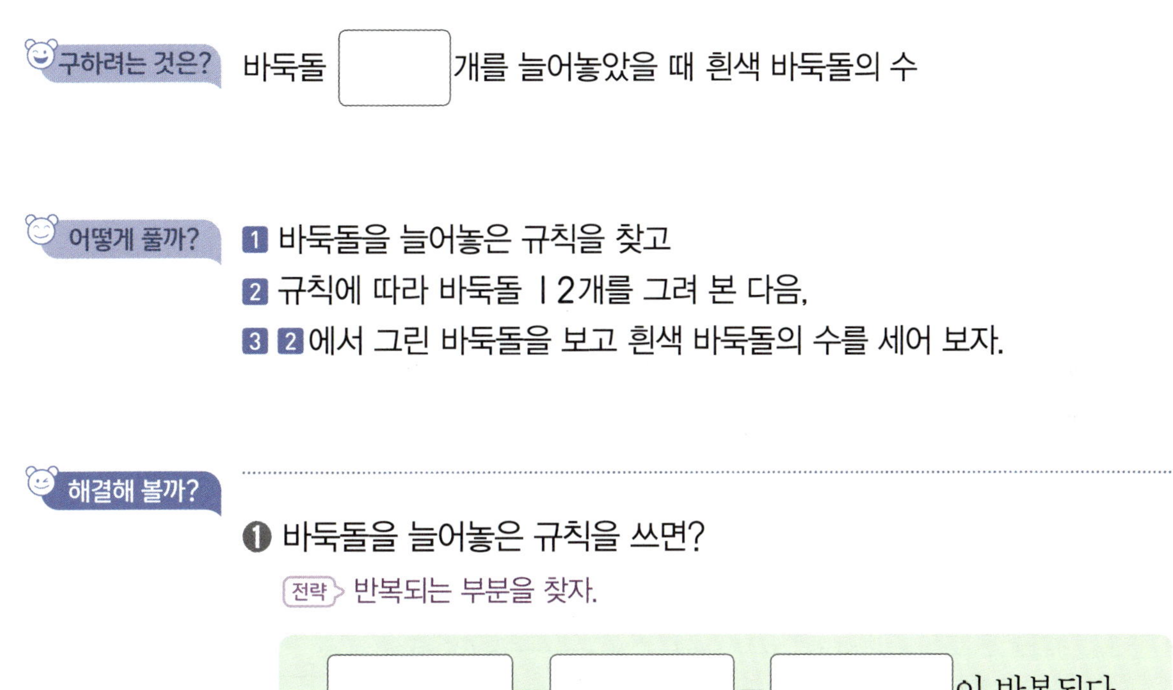

❸ 흰색 바둑돌은 모두 몇 개?

전략 ▷ ❷에서 흰색 바둑돌의 수를 세어 보자.

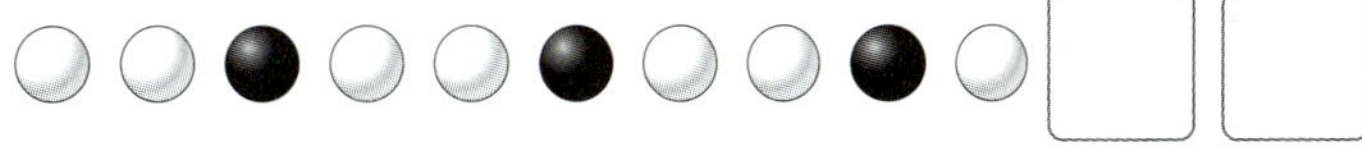

답 _______________

{ 창의·융합·코딩 체험하기 }

융합 1 신호등이 커지는 규칙에 따라/ 다음에 켜질 신호등 색깔을 쓰세요.

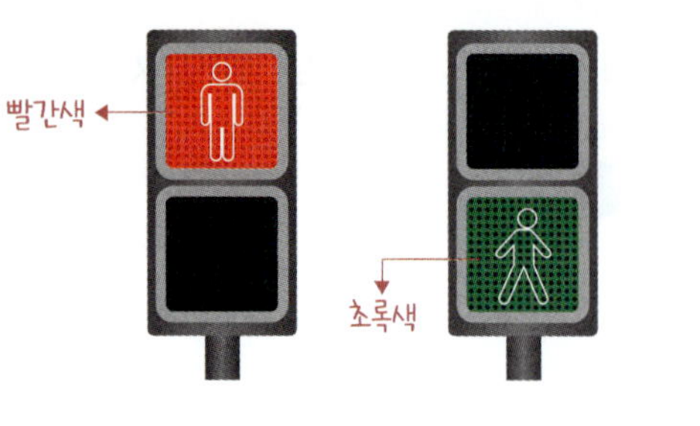

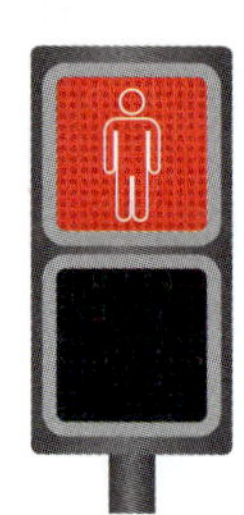

답 ________________

[**창의 2 ~ 3**] 위치, 방향, 순서 등이/ 반대로 되는 것을 반전이라고 합니다./
다음과 같은 반전의 규칙에 따라/ 오른쪽 그림에 색칠하세요.

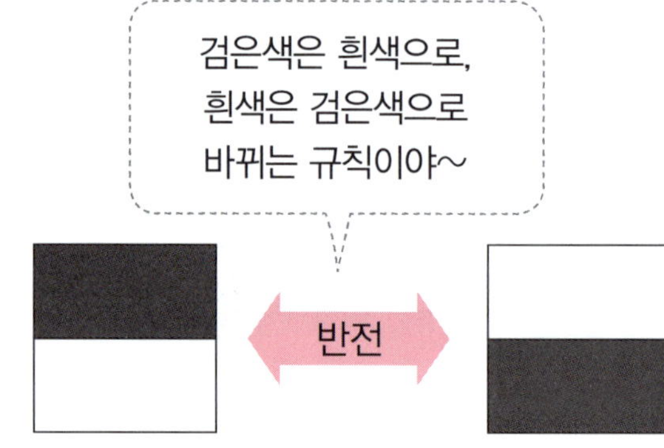

창의 2

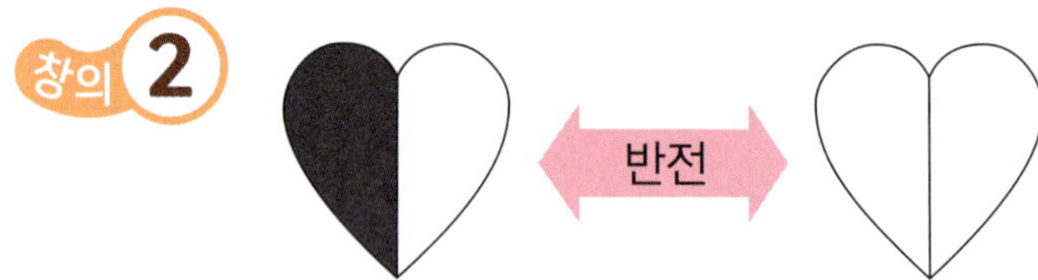

창의 3

 **창의 4** 닭과 병아리가 규칙에 따라 줄을 맞추어 가고 있습니다. /
□ 안에 알맞은 것에 ○표 하세요.

5

규칙 찾기

119

 **창의 5** 현서가 버스 안에서 본 손잡이입니다. /
□ 안에 들어갈 손잡이는 무슨 색인가요?

답 ____________________

융합 6 예은이네 집과 주하네 집 엘리베이터 버튼입니다. /
규칙에 따라 ㉠과 ㉡에 알맞은 수 중 / 더 큰 수의 기호를 쓰세요.

예은이네 집

주하네 집

답 ___________________

120

융합 7 수호가 달이 변화하는 모양을 그린 것입니다. /
규칙을 찾아 ☐ 안에 알맞게 그려 넣으세요.

▲ 태양과의 위치에 따른 달의 모습 변화 알아보기

코딩 8 

ㅣ시간마다 간판의 조명색을 바꾸는/ 프로그램을 만들어 실행하였습니다./
처음에 빨간색 조명부터 켜졌다면/ 6번째에 켜지는 조명은 어떤 색인가요?

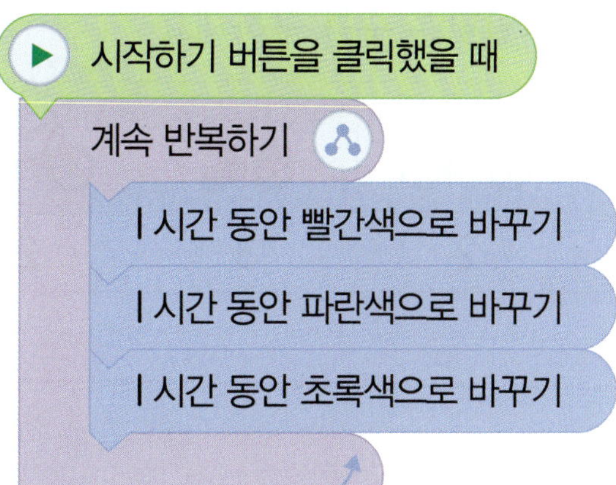

답 

융합 9 

♩는 큰북을 치고 ♪는 작은북을 칩니다./
규칙에 따라/ 악보를 완성하면/ 큰북은 모두 몇 번 쳐야 하나요?

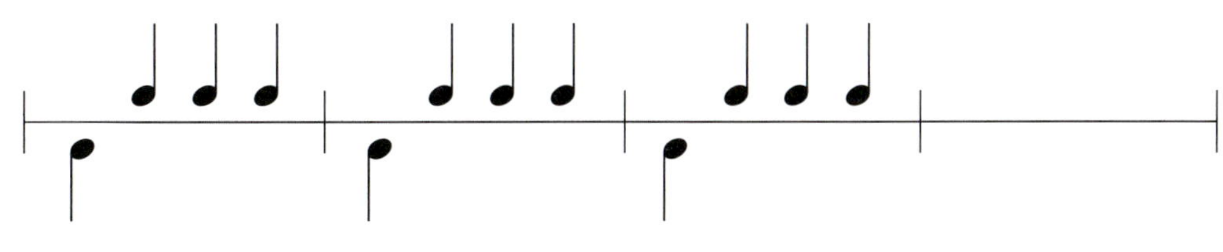

답 

규칙을 찾아 빈칸에 알맞은 수 구하기

1 규칙에 따라 빈칸에 알맞은 수를 구하세요.

3	2	3	2	3	

풀이

답 ______________________

규칙을 찾아 빈칸에 알맞은 그림 그리기

2 규칙에 따라 빈칸에 알맞은 모양을 그리고 색칠하세요.

풀이

규칙을 찾아 빈칸에 들어갈 것의 수 구하기 106쪽

3 주사위를 다음과 같은 규칙으로 놓으려고 합니다. ㉠에 들어갈 주사위의 눈의 수는 얼마인지 구하세요.

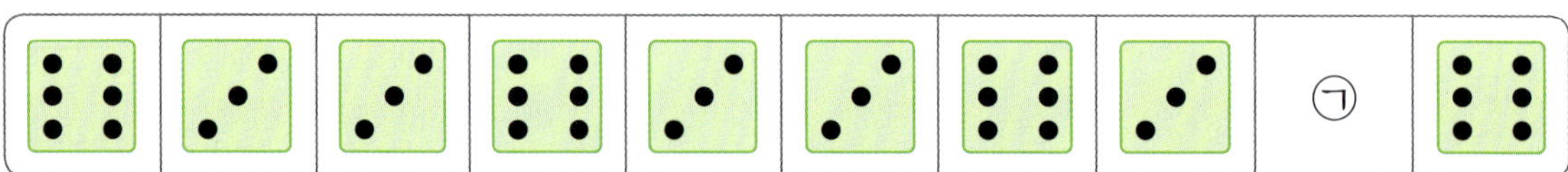

풀이

답 ______________________

수 배열표에서 규칙 찾기

4 색칠한 규칙에 따라 나머지 부분에 색칠하세요.

21	22	23	24	25	26	27	28	29	30
31	32	33	34	35	36	37	38	39	40
41	42	43	44	45	46	47	48	49	50

규칙에 따라 빈 곳에 알맞은 색깔 구하기 111쪽

5 규칙에 따라 오른쪽 달팽이의 껍데기를 색칠하려고 합니다.
노란색으로 몇 칸 더 색칠해야 하는지 구하세요.

규칙 찾기

답 _______________

123

시계에서 규칙 찾기 114쪽

6 규칙에 따라 여섯 번째 시계의 시각을 쓰세요.

답 _______________

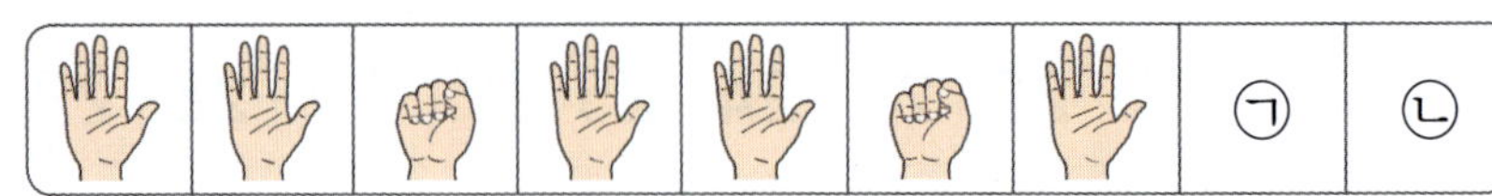

규칙을 찾아 빈칸에 들어갈 것의 수 구하기 110쪽

7 규칙에 따라 ㉠과 ㉡에 들어갈 펼친 손가락은 각각 몇 개인지 구하세요.

풀이

답 ㉠: ______________ 개, ㉡: ______________ 개

찢어진 수 배열표에서 모르는 수 구하기 113쪽

8 오른쪽 찢어진 수 배열표에서 ■에 알맞은 수를 구하세요.

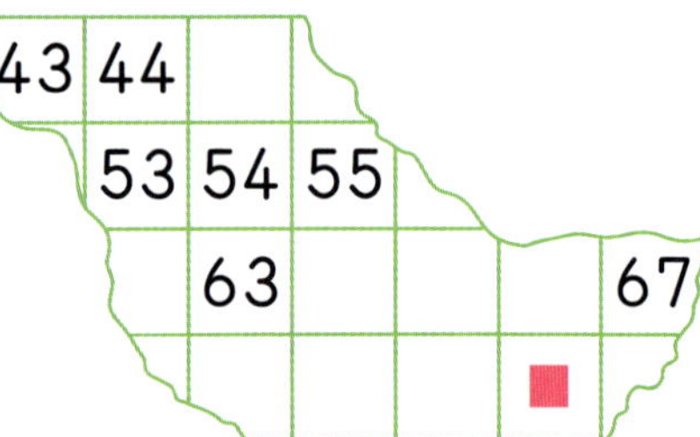

풀이

답 ______________

규칙에 따라 ■번째에 놓이는 것 구하기 ⟳112쪽

9 규칙에 따라 바둑돌을 늘어놓았습니다. 11번째에 놓이는 바둑돌은 무슨 색인지 구하세요.

풀이

답 _______________

규칙에 따라 빈 곳에 알맞은 색깔 구하기 ⟳111쪽

10 규칙에 따라 오른쪽 모양을 모두 색칠하려고 합니다. 분홍색과 파란색으로 각각 몇 칸 더 색칠해야 하는지 구하세요.

풀이

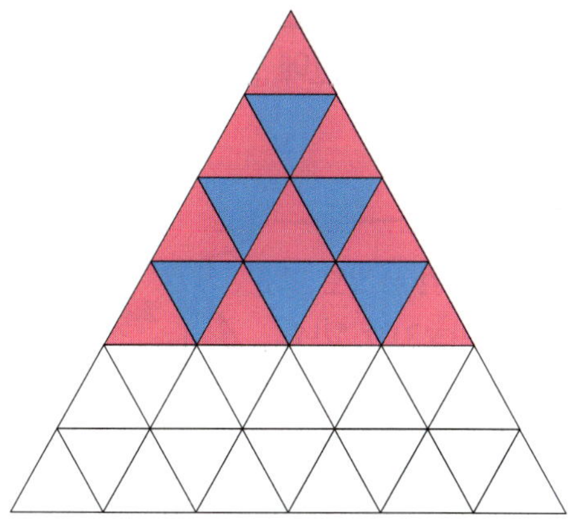

답 분홍색: _______________ , 파란색: _______________

6. 덧셈과 뺄셈(3)

공원에 비둘기 47마리가 있어요.
앗! 비둘기다.

이 중 비둘기 몇 마리가 날아갔어요.
저리 안 가?! 가버렷!
푸드득
푸드득

이제 공원에 남은 비둘기가 14마리예요.
어쭈?! 아직도 남은 비둘기가 있네?
푸드득
타타탁
야~ 그만 좀 해.

좀 전에 날아간 비둘기는 몇 마리였을까요?
툭
투툭
윽! 이게 뭐야!
그러게 왜 비둘기를 괴롭혀?!

공원에 비둘기가 47마리 있습니다. /

잠시 후 몇 마리가 날아가고 / 남은 비둘기는 14마리입니다. /

날아간 비둘기는 몇 마리인가요?

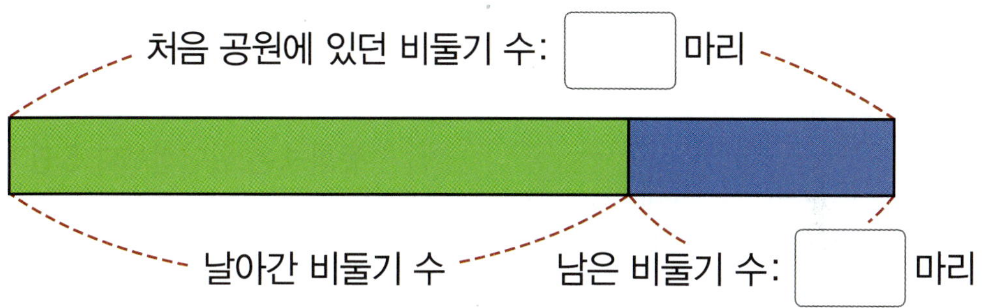

식 ▶ 47 − ☐ = ☐ ________________________

답 ▶ ________________ 마리

{ 문제 해결력 기르기 }

① ~보다 더 많은(적은) 수 구하기

선행 문제 해결 전략

• 덧셈식으로 구해야 하는 표현 알아보기

+	~보다 더 많이, 모두 몇 개

사탕은 초콜릿보다 **4**개 더 **많다**.
➜ (사탕의 수)=(초콜릿의 수) **+ 4**

• 뺄셈식으로 구해야 하는 표현 알아보기

−	~보다 더 적게, 남는 것 몇 개

사탕은 초콜릿보다 **4**개 더 **적다**.
➜ (사탕의 수)=(초콜릿의 수) **− 4**

선행 문제 ①

문장에 알맞은 식을 만들어 보세요.

(1) 언니는 지아보다 2살 더 많다.

풀이 '~보다 더 많다'는 (덧셈식 , 뺄셈식)을 만든다.

➜ (언니 나이)=(지아 나이) ◯ 2

(2) 동화책은 위인전보다 5권 더 적다.

풀이 '~보다 더 적다'는 (덧셈식 , 뺄셈식)을 만든다.

➜ (동화책 수)=(위인전 수) ◯ 5

실행 문제 ①

도화지가 25장 있습니다./
색종이가 도화지보다 3장 더 많다면/
색종이는 몇 장 있나요?

전략 '~보다 더 많다'에 알맞은 식을 정하자.

❶ 색종이가 도화지보다 더 많으므로
(덧셈식 , 뺄셈식)을 만든다.

전략 (도화지의 수)+3

❷ (색종이의 수)= ☐ +3

= ☐ (장)

답 __________

쌍둥이 문제 1-1

닭이 50마리 있습니다./
병아리가 닭보다 20마리 더 적다면/
병아리는 몇 마리 있나요?

실행 문제 따라 풀기

❶

❷

답 __________

② 남은 것을 이용하여 구하기

해결 전략

예) 귤 **90**개가 있습니다.
몇 개를 먹고 나니 **30개가 남았습니다.**
먹은 귤은 몇 개인가요?

① 그림으로 알아보기

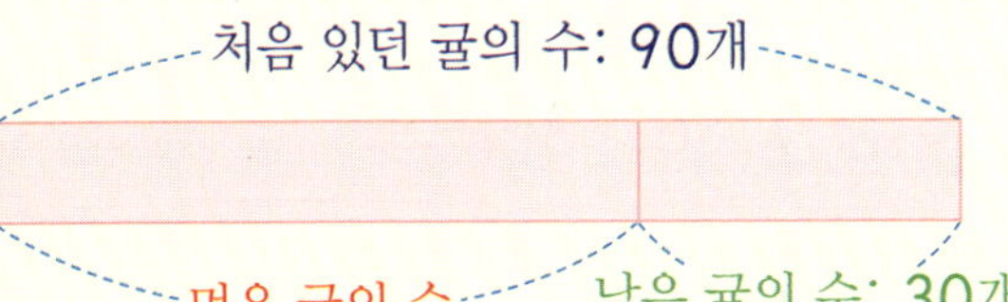

② 계산하기
(처음 있던 귤의 수)−(남은 귤의 수)로
(먹은 귤의 수)를 구할 수 있다.
→ **90**−**30**=**60**(개)

선행 문제 ②

문장에 알맞은 그림이 되도록 ☐ 안에 수를 써넣으세요.

> 색종이 60장이 있습니다.
> 몇 장을 사용하고 나니 30장이 남았습니다.

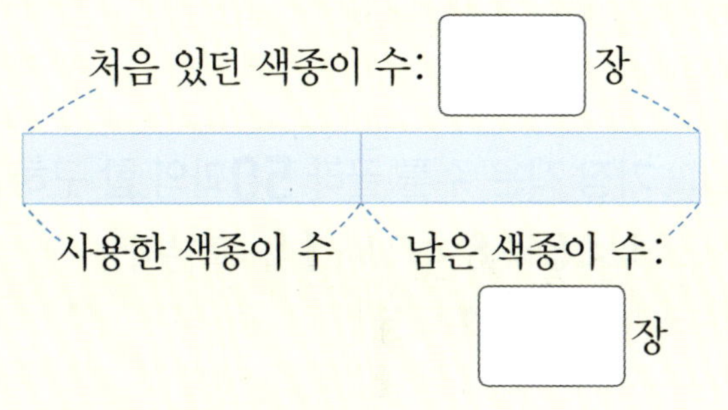

실행 문제 ②

식빵 가게에 식빵 **74**개가 있습니다. /
몇 개를 팔았더니 **13**개가 남았습니다. /
판 식빵은 몇 개인가요?

전략 › 문장에 알맞은 그림으로 나타내자.

❶
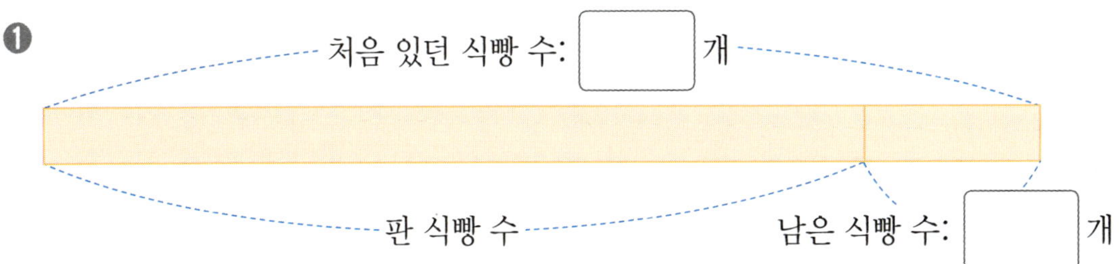

전략 › (처음 있던 식빵 수)−(남은 식빵 수)

❷ (판 식빵 수)=74 ◯ 13
= ☐ (개)

답 ________________

③ 수를 골라 합(차) 구하기

선행 문제 해결 전략

• 바구니에서 수를 골라 계산하기

(1) **가장 큰 수**를 골라 **50**과의 **합** 구하기

8>5>1이므로 **8**을 고른다.

→ **50+8**=58

(2) **가장 작은 수**를 골라 **50**과의 **합** 구하기

1<5<8이므로 **1**을 고른다.

→ **50+1**=51

> 어떤 수를 고르냐에 따라
> 계산 결과가 달라져.

선행 문제 ③

바구니에서 수를 골라 계산하세요.

(1) 가장 큰 수를 골라 32와의 합 구하기

풀이 7>6>3이므로 ☐을 고르기

→ 32+☐=☐

(2) 가장 작은 수를 골라 32와의 합 구하기

풀이 3<6<7이므로 ☐을 고르기

→ 32+☐=☐

실행 문제 ③

오른쪽 바구니에서 가장 큰 수와/ 가장 작은 수를 골라/
두 수의 합을 구하세요.

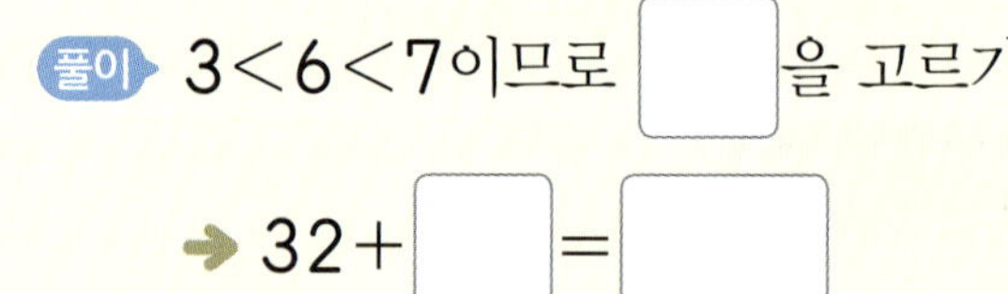

❶ 바구니에 있는 수의 크기 비교하기 : ☐<☐<☐

전략 ▷ 위 ❶에서 가장 큰 수와 가장 작은 수를 고르자.

❷ 바구니에서 골라야 하는 두 수 : ☐, ☐

❸ 합 : ☐+☐=☐

답 _______________

④ 가장 큰(작은) 몇십몇을 만들어 계산하기

선행 문제 해결 전략

예 1 , 5 , 3 중 두 수를 골라 한 번씩만 사용하여 몇십몇 만들기

(1) 가장 큰 몇십몇을 만들기

가장 큰 수를 10개씩 묶음의 수로, 둘째로 큰 수를 낱개의 수로 쓴다.

5 3

큰 수부터 차례로

(2) 가장 작은 몇십몇을 만들기

가장 작은 수를 10개씩 묶음의 수로, 둘째로 작은 수를 낱개의 수로 쓴다.

1 3

작은 수부터 차례로

선행 문제 ④

3장의 수 카드 중 2장을 골라 한 번씩만 사용하여 몇십몇을 만드세요.

2   4   7

(1) 가장 큰 몇십몇을 만들기

풀이 수의 크기 비교 : 7>4>2

→ 가장 큰 몇십몇 : ☐☐

(2) 가장 작은 몇십몇을 만들기

풀이 수의 크기 비교 : 2<4<7

→ 가장 작은 몇십몇 : ☐☐

6
덧셈과 뺄셈(3)

실행 문제 ④

3장의 수 카드 2 , 3 , 7 중에서/ 2장을 골라 한 번씩만 사용하여/

가장 큰 몇십몇을 만들었습니다./
만든 수보다 15만큼 더 큰 수를 구하세요.

❶ 수 카드의 수의 크기 비교하기 : ☐ > ☐ > ☐

전략 큰 수부터 10개씩 묶음, 낱개의 수 자리에 차례로 쓰자.

❷ 가장 큰 몇십몇 : ☐☐

전략 ■보다 15만큼 더 큰 수는 ■+15로 구하자.

❸ 위 ❷에서 만든 수보다 15만큼 더 큰 수 : ☐ +15= ☐

답 

⑤ 세로 계산에서 모르는 수 구하기

선행 문제 해결 전략

낱개끼리 계산하고,
10개씩 묶음끼리 계산해서
모르는 수를 구해.

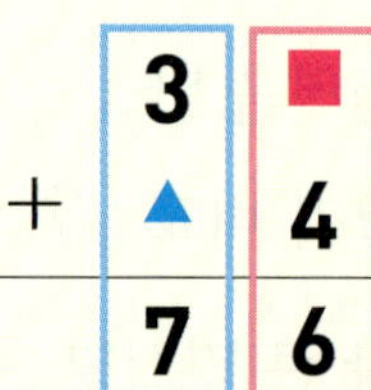

$$\begin{array}{r} 3\ \blacksquare \\ +\ \blacktriangle\ 4 \\ \hline 7\ 6 \end{array}$$

10개씩 묶음끼리 계산

$3+\blacktriangle=7$
$\Rightarrow \blacktriangle=4$

낱개끼리 계산

$\blacksquare+4=6$
$\Rightarrow \blacksquare=2$

선행 문제 ⑤

■와 ▲에 알맞은 수를 구하세요.

$$\begin{array}{r} 6\ \blacksquare \\ +\ \blacktriangle\ 2 \\ \hline 7\ 9 \end{array}$$

풀이 ① 낱개끼리 계산 :

$\blacksquare+2=9 \Rightarrow \blacksquare=\boxed{}$

② 10개씩 묶음끼리 계산 :

$6+\blacktriangle=7 \Rightarrow \blacktriangle=\boxed{}$

실행 문제 ⑤

㉠과 ㉡에 알맞은 수를 구하세요.

$$\begin{array}{r} ㉠\ 5 \\ +\ 2\ ㉡ \\ \hline 3\ 8 \end{array}$$

전략 5와 더해서 8이 되는 수를 구하자.

❶ 낱개끼리 계산 :

$5+㉡=\boxed{} \Rightarrow ㉡=\boxed{}$

전략 2와 더해서 3이 되는 수를 구하자.

❷ 10개씩 묶음끼리 계산 :

$㉠+2=\boxed{} \Rightarrow ㉠=\boxed{}$

답 _______ $㉠=\boxed{}$, $㉡=\boxed{}$

쌍둥이 문제 5-1

㉠과 ㉡에 알맞은 수를 구하세요.

$$\begin{array}{r} ㉠\ 8 \\ +\ 4\ ㉡ \\ \hline 9\ 9 \end{array}$$

실행 문제 따라 풀기

❶

❷

답 _______ $㉠=\boxed{}$, $㉡=\boxed{}$

⑥ 합(차)이 ■가 되는 두 수 찾기

선행 문제 해결 전략

예 합이 53인 두 수 찾기

| 20 | 10 | 43 |

합 **53**의 낱개의 수가 **3**이므로
낱개끼리의 합이 **3**인 두 수를 찾는다.

① **20**과 **43** → 20+43=63 (×)
　　0+3=3

② **10**과 **43** → 10+43=53 (○)
　　0+3=3

→ 합이 53인 두 수 : 10과 43

선행 문제 ⑥

낱개끼리의 합이 7인 두 수를 찾아 쓰세요.

| 23 | 35 | 34 |

풀이

23과 35의 낱개끼리의 합 : 8

35와 34의 낱개끼리의 합 : ☐

23과 34의 낱개끼리의 합 : ☐

→ 낱개끼리의 합이 7인 두 수 :

☐ , ☐

실행 문제 ⑥

오른쪽에서 합이 62가 되는 두 수를 찾아 / 덧셈식을 쓰세요.

| 20 | 30 | 32 |

전략 합 62의 낱개의 수가 2이므로 낱개끼리의 합이 2인 두 수를 찾자.

예상1 낱개끼리의 합이 2인 두 수 : 20과 ☐

찾은 두 수의 합 : 20+☐=☐ → 합이 62가 (맞다 , 아니다).

예상2 낱개끼리의 합이 2인 두 수 : 30과 ☐

찾은 두 수의 합 : 30+☐=☐ → 합이 62가 (맞다 , 아니다).

식 ☐+☐=☐

{ 수학 사고력 키우기 }

~보다 더 많은(적은) 수 구하기

연계학습 128쪽

대표 문제 1

사과와 귤을 상자에 담으려고 합니다. /
한 상자에 사과는 33개 담고, / 귤은 사과보다 12개 더 적게 담았습니다. /
한 상자에 귤은 몇 개 담았나요?

구하려는 것은?

한 상자에 담은 ☐의 수

주어진 것은?

- 한 상자에 담은 사과의 수 : ☐개
- 귤은 사과보다 ☐개 더 적게 담음.

해결해 볼까?

❶ 문장에 알맞게 식의 ◯ 안에 + 또는 ─를 써넣으세요.

[전략] '~보다 더 적게'는 뺄셈식을 만들자.

(귤의 수)=(사과의 수) ◯ 12

식

❷ 한 상자에 담은 귤은 몇 개?

[전략] 위 ❶의 식을 계산하자.

답

쌍둥이 문제 1-1

식탁 위에 컵과 접시가 놓여 있습니다. /
컵은 12개 있고, / 접시는 컵보다 7개 더 많이 있습니다. /
접시는 몇 개 있나요?

대표 문제 따라 풀기

❶

❷

답

😊 남은 것을 이용하여 구하기

🔗 연계학습 129쪽

대표 문제 2

공원에 참새가 56마리 있습니다. /
잠시 후 몇 마리가 날아가고 / 남은 참새는 20마리입니다. /
날아간 참새는 몇 마리인가요?

🐻 주어진 것은?

- 처음 공원에 있던 참새 수: ☐ 마리

- 날아가고 남은 참새 수: ☐ 마리

😊 해결해 볼까?

❶ 문장에 알맞은 그림으로 나타내기

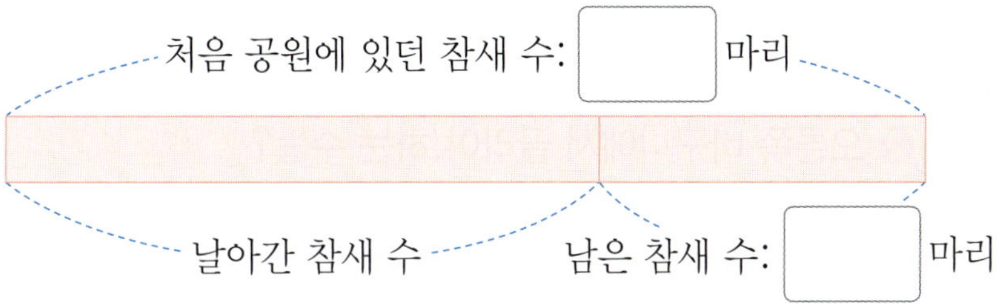

처음 공원에 있던 참새 수: ☐ 마리

날아간 참새 수　　　　남은 참새 수: ☐ 마리

❷ 날아간 참새는 몇 마리?

전략▷ (처음 공원에 있던 참새 수)−(남은 참새 수)

답 ________________

쌍둥이 문제 2-1

민수는 게임 아이템을 88개 가지고 있습니다. /
몇 개를 사용하고 / 남은 아이템은 55개입니다. /
사용한 아이템은 몇 개인가요?

😊 대표 문제 따라 풀기

❶

❷

답 ________________

{ 수학 **사고력** 키우기 }

수를 골라 합(차) 구하기

연계학습 130쪽

대표 문제 3 각 바구니에서 가장 큰 수를 하나씩 골라/ 두 수의 합을 구하세요.

주어진 것은?
- 왼쪽 바구니에 있는 수: 30, 25, 43
- 오른쪽 바구니에 있는 수: 10, 40, 27

해결해 볼까?

❶ 왼쪽 바구니에서 골라야 하는 수는?

전략 ▶ 왼쪽 바구니에 있는 수의 크기를 비교하여 가장 큰 수를 고르자.

답 ______________

❷ 오른쪽 바구니에서 골라야 하는 수는?

전략 ▶ 오른쪽 바구니에 있는 수의 크기를 비교하여 가장 큰 수를 고르자.

답 ______________

❸ 각 바구니에서 고른 두 수의 합은?

답 ______________

쌍둥이 문제 3-1

각 바구니에서 가장 큰 수를 하나씩 골라/ 두 수의 차를 구하세요.

대표 문제 따라 풀기

❶

❷

❸

답 ______________

😊 가장 큰(작은) 몇십몇을 만들어 계산하기

연계학습 131쪽

대표 문제 ④

3장의 수 카드 [9] , [4] , [6] 중에서/ 2장을 골라 한 번씩만 사용하여/

가장 큰 몇십몇을 만들었습니다. /

만든 수보다 22만큼 더 작은 수를 구하세요.

어떻게 풀까?

1 수 카드의 수를 큰 수부터 차례로 10개씩 묶음, 낱개의 수 자리에 놓아 가장 큰 몇십몇을 만들고,

2 위 1 에서 만든 수에서 22를 빼자.

해결해 볼까?

❶ 수 카드의 수의 크기를 비교하면?

답 ☐ > ☐ > ☐

❷ 만들 수 있는 가장 큰 몇십몇은?

전략 큰 수부터 10개씩 묶음, 낱개의 수 자리에 차례로 쓰자.

답 ____________

❸ 수 카드로 만든 가장 큰 몇십몇보다 22만큼 더 작은 수는?

전략 (위 ❷에서 만든 수)−22

답 ____________

쌍둥이 문제 4-1

3장의 수 카드 [4] , [7] , [8] 중에서/ 2장을 골라 한 번씩만 사용하여/

가장 작은 몇십몇을 만들었습니다. /

만든 수보다 30만큼 더 작은 수를 구하세요.

😊 대표 문제 따라 풀기

❶

❷

❸

답 ____________

세로 계산에서 모르는 수 구하기

연계학습 132쪽

대표 문제 5 오른쪽에서 ㉠과 ㉡에 알맞은 수를 구하세요.

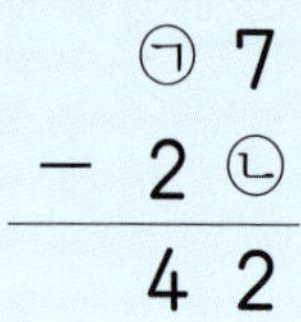

구하려는 것은? ㉠과 ㉡에 알맞은 수

어떻게 풀까?

1 낱개끼리 계산하여 ㉡에 알맞은 수를 구하고,

2 10개씩 묶음끼리 계산하여 ㉠에 알맞은 수를 구하자.

해결해 볼까?

❶ ㉡에 알맞은 수는?

전략 7에서 빼어 2가 되는 수를 구하자.

답 ____________________

❷ ㉠에 알맞은 수는?

전략 2를 빼면 4가 되는 수를 구하자.

답 ____________________

쌍둥이 문제 5-1

(1) ㉠과 ㉡에 알맞은 수를 구하세요.

$$8 \ ㉠$$
$$- \ ㉡ \ 1$$
$$\overline{4 \ 5}$$

대표 문제 따라 풀기

❶

❷

답 ㉠= ☐ , ㉡= ☐
답 ____________________

(2) ㉠과 ㉡에 알맞은 수를 구하세요.

$$5 \ ㉠$$
$$- \ ㉡ \ 5$$
$$\overline{1 \ 3}$$

대표 문제 따라 풀기

❶

❷

답 ㉠= ☐ , ㉡= ☐
답 ____________________

합(차)이 ■가 되는 두 수 찾기

연계학습 133쪽

대표 문제 6

오른쪽에서 차가 **35**가 되는 두 수를 찾아/ 뺄셈식을 쓰세요.

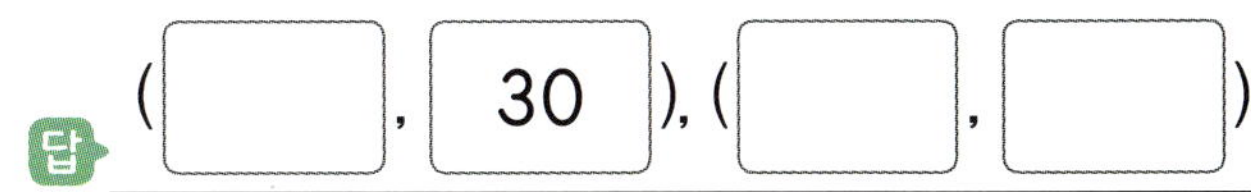

어떻게 풀까?

1 **차 35의 낱개의 수가 5**이므로 낱개끼리의 **차가 5**인 두 수를 찾은 후,

2 위 **1** 에서 찾은 두 수끼리의 차가 35인 뺄셈식을 쓰자.

해결해 볼까?

1 낱개끼리의 차가 5인 두 수끼리 짝 지으면?

전략 ▷ 차 35의 낱개의 수가 5이므로 낱개끼리의 차가 5인 두 수를 찾자.

답 ▷ (☐ , 30), (☐ , ☐)

2 위 **1** 에서 짝 지은 두 수끼리의 차를 구하면?

전략 ▷ 큰 수에서 작은 수를 빼자.

답 ▷ ☐ − 30 = ☐ , ☐ − ☐ = ☐

3 두 수의 차가 35인 뺄셈식을 쓰면?

식 ▷ ☐ − ☐ = ☐

쌍둥이 문제 6-1

오른쪽에서 차가 **22**가 되는 두 수를 찾아/ 뺄셈식을 쓰세요.

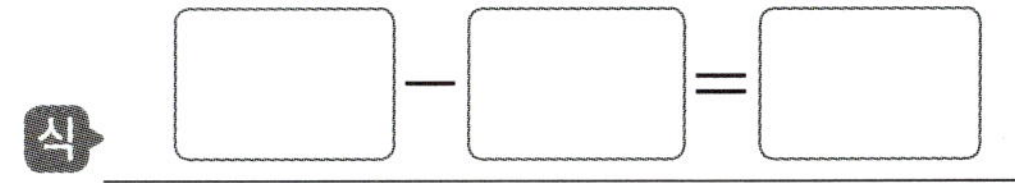

대표 문제 따라 풀기

1

2

3

식 ▷

3 STEP

{ 수학 독해력 완성하기 }

☺ **같은 모양에 적힌 수의 차 구하기**

독해 문제 **1**

같은 모양에 적힌 수의 차를 구하세요.

구하려는 것은? 같은 모양에 적힌 수의 차

주어진 것은? 수가 쓰여 있는 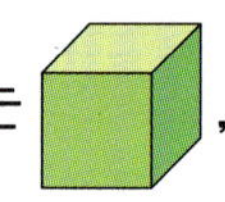, 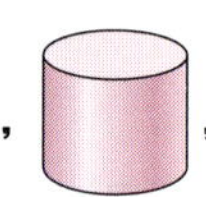, 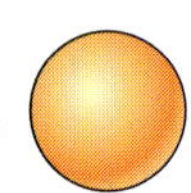

어떻게 풀까? ① 같은 모양을 찾고,
② 위 ①에서 찾은 모양에 적힌 두 수의 차를 구하자.

해결해 볼까?

❶ 같은 모양을 찾아 모두 ◯표 하기

 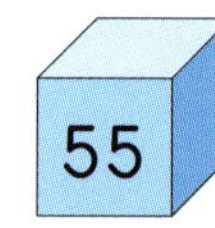  

❷ 위 ❶에서 찾은 모양에 적힌 수 모두 쓰기

답 ______________________

❸ 같은 모양에 적힌 수의 차는?

전략 ▷ 큰 수에서 작은 수를 빼자.

답 ______________________

처음 수 구하기

독해 문제 2

현정이는 연필 몇 자루를 가지고 있었는데 / 11자루를 선물로 받아 /
모두 36자루가 되었습니다. /
현정이가 처음에 가지고 있던 연필은 몇 자루인가요?

구하려는 것은? 처음에 가지고 있던 연필의 수

주어진 것은?
• 선물로 받은 연필의 수: ☐ 자루

• 선물을 받고 난 후 전체 연필의 수: ☐ 자루

어떻게 풀까? 주어진 문장에 알맞은 그림으로 나타내어 처음에 가지고 있던 연필의 수를
구하자.

해결해 볼까?

❶ 문장에 알맞은 그림으로 나타내기

선물로 받은 연필 수: ☐ 자루

처음에 가지고 있던 연필 수

선물을 받고 난 후 전체 연필 수: ☐ 자루

❷ 처음에 가지고 있던 연필은 몇 자루?

전략 (선물을 받고 난 후 전체 연필 수)−(선물로 받은 연필 수)

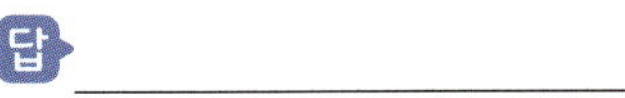

답 ________________

{ 수학 독해력 완성하기 }

가장 큰(작은) 몇십몇을 만들어 계산하기

연계학습 137쪽

독해 문제 3

3장의 수 카드 중에서／ 2장을 골라 한 번씩만 사용하여／
몇십몇을 만들려고 합니다.／
만들 수 있는 수 중 가장 큰 수와／ 가장 작은 수의／ 합을 구하세요.

구하려는 것은? 만들 수 있는 몇십몇 중 가장 큰 수와 가장 작은 수의 ☐

어떻게 풀까?

1 큰 수부터 차례로 10개씩 묶음, 낱개의 수 자리에 놓아 가장 큰 몇십몇을 만들고,

2 작은 수부터 차례로 10개씩 묶음, 낱개의 수 자리에 놓아 가장 작은 몇십몇을 만들어,

3 위 **1** 과 **2** 에서 만든 두 수의 합을 구하자.

해결해 볼까? 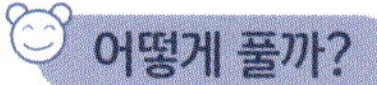

❶ 만들 수 있는 가장 큰 몇십몇은?

답 ____________________

❷ 만들 수 있는 가장 작은 몇십몇은?

답 ____________________

❸ 만들 수 있는 수 중 가장 큰 수와 가장 작은 수의 합은?

답 ____________________

수를 골라 합(차) 구하기

연계학습 136쪽

독해 문제 **4**

오른쪽 각 주머니에서 수를 하나씩 꺼내어 /

 을 계산하려고 합니다. /

만들 수 있는 뺄셈식을 모두 쓰세요.

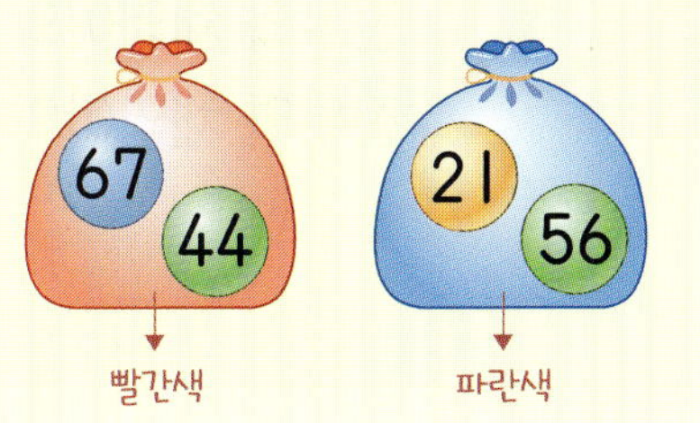

어떻게 풀까? 빨간색 주머니에서 꺼내는 수에 따라 파란색 주머니에서 꺼내야 하는 수를 찾아 만들 수 있는 뺄셈식을 모두 쓰자.

해결해 볼까?

❶ 알맞은 말에 ○표 하기

> 빨간색 주머니에서 꺼내는 수가 파란색 주머니에서 꺼내는 수보다 (작아야 , 커야) 한다.

❷ 빨간색 주머니에서 67을 꺼냈을 때 만들 수 있는 뺄셈식을 모두 쓰면? 전략 파란색 주머니에서 67보다 작은 수를 찾자.

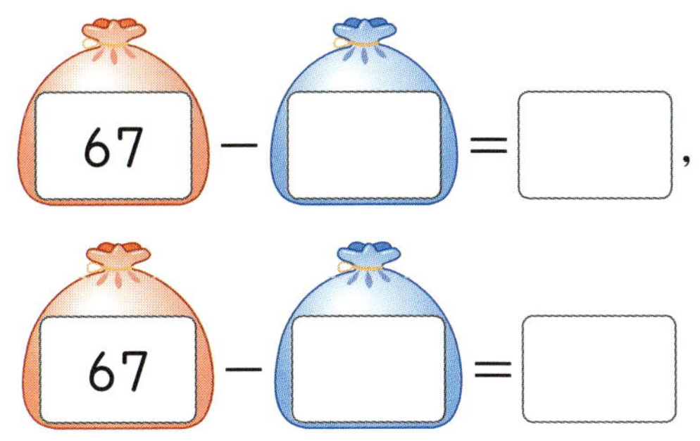

❸ 빨간색 주머니에서 44를 꺼냈을 때 만들 수 있는 뺄셈식을 쓰면?
전략 파란색 주머니에서 44보다 작은 수를 찾자.

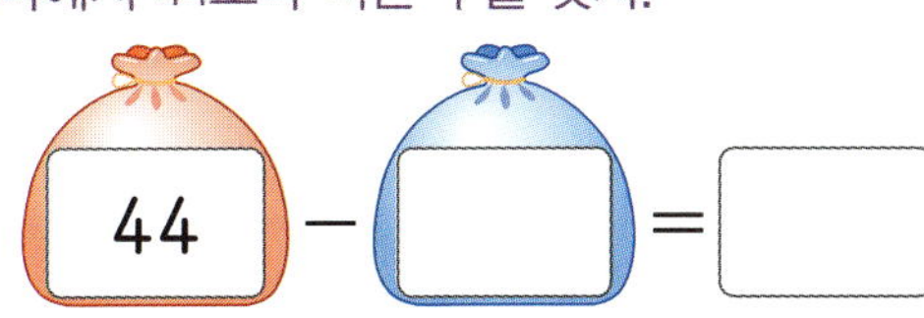

6 덧셈과 뺄셈(3)

창의·융합·코딩 체험하기

진우와 채영이의 수학 점수입니다./
진우와 채영이의 수학 점수의 합은/ 몇 점인가요?

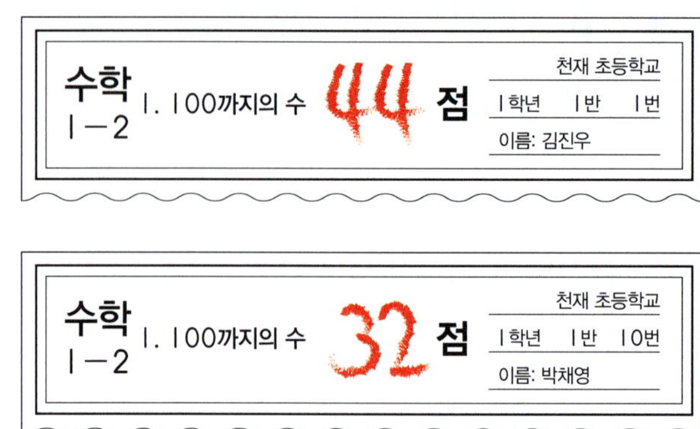

새론이가 편의점에서 문구점을 거쳐/ 학원까지 가는 길을/
지도에서 검색하여 다음과 같이 걸어갔습니다./
편의점에서 문구점을 거쳐 학원까지 가는 길은/ 모두 몇 걸음인가요?

창의 3 지우와 은서가 쌓은 나무 블록입니다. /
누가 쌓은 나무 블록 수가 / 몇 개 더 많은가요?

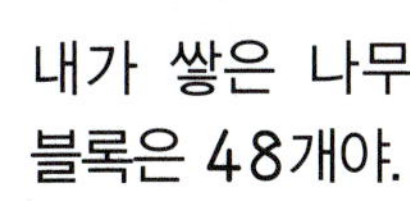

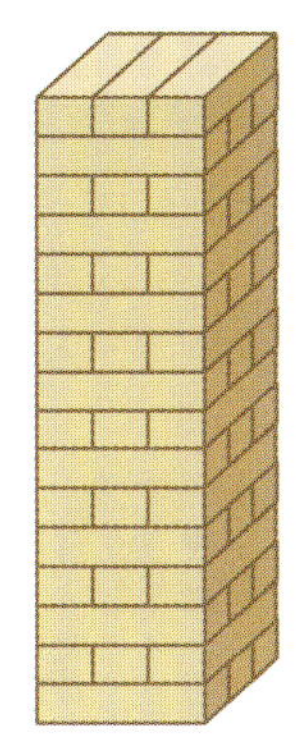

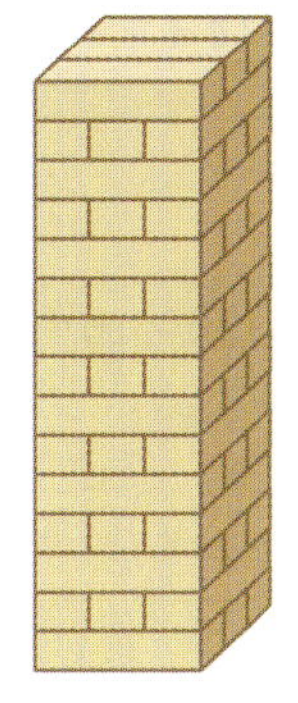

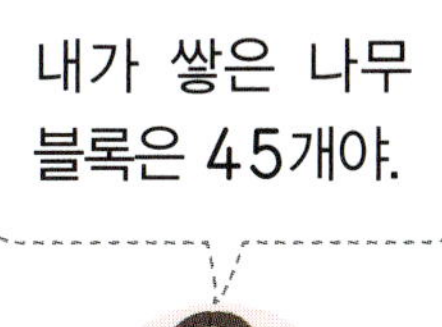

답 ☐ 가 쌓은 나무 블록 수가 ☐ 개 더 많다.

6

145

융합 4 천재 미술관에 입장한 사람 수입니다. /
이 중 22명이 나갔다면 /
천재 미술관에 남아 있는 사람은 몇 명인가요?

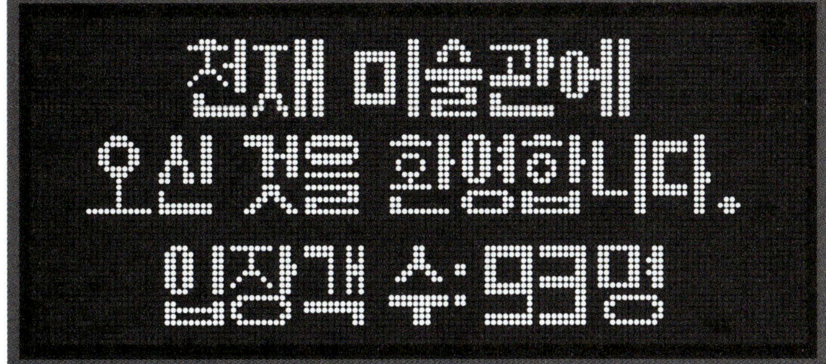

답 

{ 창의·융합·코딩 체험하기 }

코딩 5 시작하기 버튼을 클릭했을 때/
로봇이 말하는 수를 쓰세요.

(1)

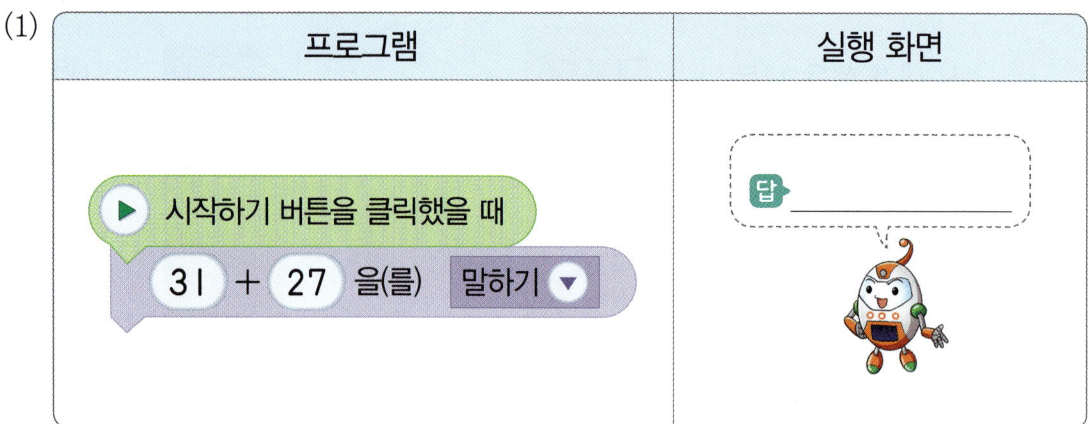

(2)

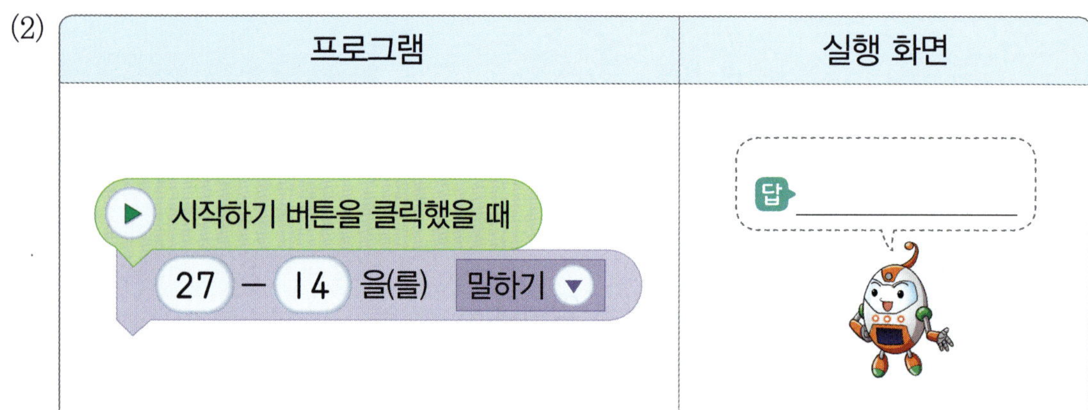

(3)

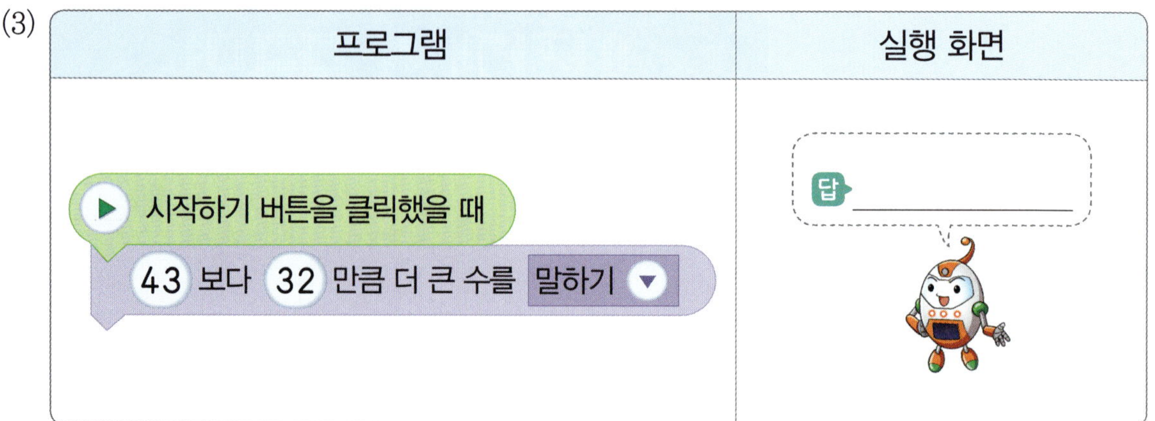

[코딩 6~7] 넣은 수의 크기에 따라 계산을 달리하는 순서도입니다./
물음에 답하세요.

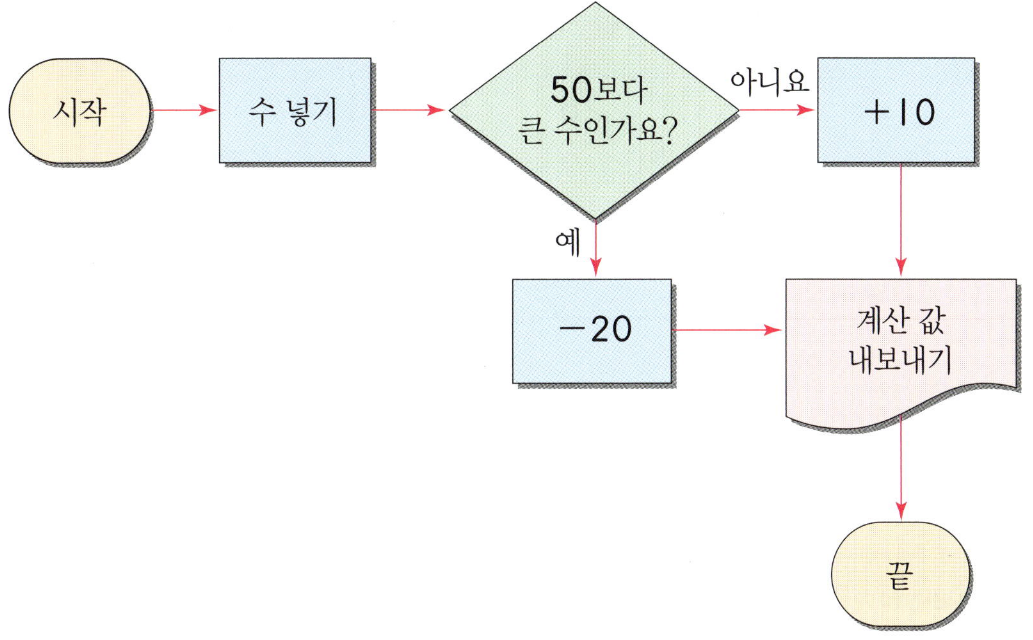

코딩 6 66을 넣었을 때/ 내보내는 계산 값을 구하세요.

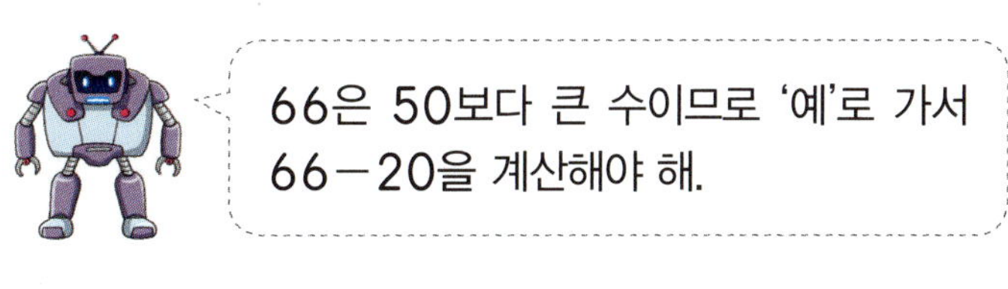

답 ____________________

6
덧셈과 뺄셈(3)

코딩 7 49를 넣었을 때/ 내보내는 계산 값을 구하세요.

답 ____________________

가장 큰 수와 가장 작은 수의 차 구하기

1 가장 큰 수와 가장 작은 수의 차를 구하세요.

| 26 | 5 | 11 |

풀이

답 _______________

계산 결과 비교하기

2 계산 결과가 더 큰 것의 기호를 쓰세요.

㉠ 51+17   ㉡ 26+52

풀이

답 _______________

~보다 더 많은(적은) 수 구하기 128쪽

3 연필이 35자루 있습니다. 색연필이 연필보다 4자루 더 적다면 색연필은 몇 자루 있나요?

풀이

답 _______________

~보다 더 많은(적은) 수 구하기 134쪽

4 딸기우유와 초코우유가 있습니다. 딸기우유는 **27**개 있고, 초코우유는 딸기우유보다 **12**개 더 많이 있다면 초코우유는 몇 개 있나요?

풀이 ▶

답 _______________

남은 것을 이용하여 구하기 135쪽

5 냉장고에 달걀 **35**개가 있습니다. 몇 개를 사용하고 남은 달걀은 **14**개입니다. 사용한 달걀은 몇 개인가요?

풀이 ▶

답 _______________

덧셈과 뺄셈(3)

수를 골라 합(차) 구하기 136쪽

6 각 바구니에서 가장 큰 수를 하나씩 골라 두 수의 합을 구하세요.

풀이 ▶

답 _______________

가장 큰(작은) 몇십몇을 만들어 계산하기 ↻137쪽

7 3장의 수 카드 중에서 2장을 골라 한 번씩만 사용하여 가장 큰 몇십몇을 만들었습니다. 만든 수보다 14만큼 더 큰 수를 구하세요.

풀이

답 _______________

세로 계산에서 모르는 수 구하기 ↻138쪽

8 ㉠과 ㉡에 알맞은 수를 구하세요.

$$
\begin{array}{r}
㉠\,5 \\
-\ 7\,㉡ \\
\hline
1\,3
\end{array}
$$

풀이

답 ㉠= ☐ , ㉡= ☐

합(차)이 ■가 되는 두 수 찾기 139쪽

9 차가 17이 되는 두 수를 찾아 뺄셈식을 쓰세요.

62　　72　　89

풀이

식 ________________________________

가장 큰(작은) 몇십몇을 만들어 계산하기 142쪽

10 3장의 수 카드 중에서 2장을 골라 한 번씩만 사용하여 몇십몇을 만들려고 합니다. 만들 수 있는 수 중 가장 큰 수와 가장 작은 수의 차를 구하세요.

　　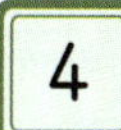

풀이

답 ________________________________

최고를 꿈꾸는 아이들의 수준 높은 상위권 문제집!

한 가지 이상 해당된다면 **최고수준** 해야 할 때!

- ✔ 응용과 심화 중간단계의 학습이 필요하다면? .... `최고수준S`
- ✔ 처음부터 너무 어려운 심화서로 시작하기 부담된다면? .... `최고수준S`
- ✔ 창의·융합 문제를 통해 사고력을 폭넓게 기르고 싶다면? .... `최고수준`
- ✔ 각종 경시대회를 준비 중이거나 준비 할 계획이라면? .... `최고수준`

수학도
독해가
힘이다
정답과
풀이
초등
수학
1-2
천재교육

정답과 풀이 포인트 3가지

- ▶ 혼자서도 이해할 수 있는 친절한 문제 풀이
- ▶ 문제 해결에 꼭 필요한 핵심 전략 제시
- ▶ 문제 분석과 쌍둥이 문제로 수학 독해력 완성

정답과 자세한 풀이

{ CONTENTS }

빠른 정답

1 100까지의 수

6～7쪽

선행 문제 1
(1) **배**에 ◯표
(2) **지우개**에 ◯표

실행 문제 1
❶ > ❷ 서연
답 서연

쌍둥이 문제 1-1
연두

선행 문제 2
(1) 1, 7 (2) 2, 8

실행 문제 2
❶ 1 ❷ 7 / 73
답 73

8～9쪽

선행 문제 3
① **같다**에 ◯표
② 7 / 8, 9

실행 문제 3
❶ 같다에 ◯표
❷ 4
❸ 1, 2, 3
답 1, 2, 3

선행 문제 4
83, 작은에 ◯표, 82

실행 문제 4
❶ 79 ❷ 작은에 ◯표 ❸ 78
답 78

쌍둥이 문제 4-1
60

10～11쪽

실행 문제 5-1
❶ 87, 88, 89, 90, 91, 92
❷ 88, 89, 90, 91
답 88, 89, 90, 91

실행 문제 5-2
❶ 77, 78, 79
❷ 76, 77, 78
답 76, 77, 78

선행 문제 6
① 7 ② 4

실행 문제 6
❶ 3, 4 ❷ 2, 4 ❸ 42, 43
답 23, 24, 32, 34, 42, 43

12～13쪽

대표 문제 1
주 71 ❶ > ❷ 성민

쌍둥이 문제 1-1
예슬

대표 문제 2
❶ 7, 4 ❷ 74개

쌍둥이 문제 2-1
97개

14～15쪽

대표 문제 3
❶ < ❷ 1, 2 ❸ 2개

쌍둥이 문제 3-1
3개

대표 문제 4
❶ 60, 어떤 수
❷ 큰에 ◯표 ❸ 61

쌍둥이 문제 4-1
90

16～17쪽

대표 문제 5
❶ 66, 67, 68, 69, 70, 71, 72
❷ 66, 68, 70, 72 ❸ 4개

쌍둥이 문제 5-1
3개

대표 문제 6
❶ 15, 18 / 51, 58 / 81, 85
❷ 6개

쌍둥이 문제 6-1
6개

18～19쪽

독해 문제 1
주 68
❶ 6, 8 ❷ 4, 8 ❸ 48장

독해 문제 2
❶ 28, 27, 82, 87, 72, 78
❷ 27, 87 ❸ 2개

20～21쪽

독해 문제 3
❶ < ❷ 있다에 ◯표
❸ 7, 8, 9 ❹ 3개

독해 문제 4
주 75, 크다에 ◯표
❶ 68, 69, 70, 71, 72, 73, 74
❷ 70, 71, 72, 73, 74 ❸ 5개

22～23쪽

창의 1 60개

창의 2 예 장미가 83송이 있습니다.

창의 3 7개

코딩 4 (1) 89 (2) 73

24~25쪽

창의 5

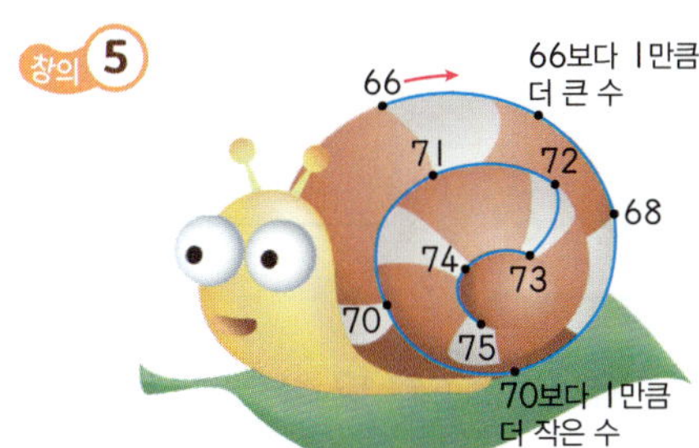

창의 6 67, 육십칠

창의 7 구십일, 아흔하나

코딩 8 검은색

코딩 9 78개

26~27쪽

1 현아 2 97
3 진영 4 88장
5 5개 6 75

28~29쪽

7 5개 8 6개
9 22마리 10 4개

2 덧셈과 뺄셈(1)

32~33쪽

선행 문제 1
(1) +, + (2) −, −

실행 문제 1
❶ 덧셈식에 ◯표
❷ +, +, 9
답 9권

선행 문제 2
(1) 8, ㉡ (2) 8, ㉠

실행 문제 2
❶ 3, 10
❷ 10, >, 종이비행기에 ◯표
답 종이비행기

34~35쪽

실행 문제 3
❶, ❷
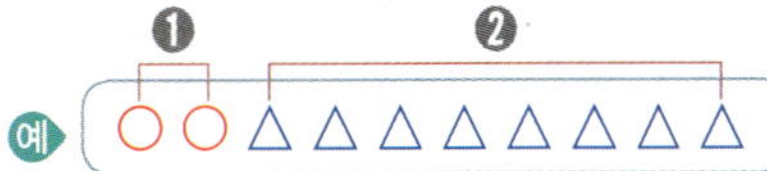
예 ◯◯△△△△△△△△
❸ 8
답 8마리

실행 문제 4
❶ (위부터) 9, 7 / 2 ❷ 9
답 9장

36~37쪽

선행 문제 5
(1) 2, 2 (2) 4, 4

실행 문제 5
❶ 8, 8, 8 ❷ 8, 2
답 2

쌍둥이 문제 5-1
7

선행 문제 6
① 3 , 4 에 ◯표
② 3, 4, 7 (또는 4, 3, 7)

실행 문제 6
❶ 6, 4, 3, 1
❷ 6, 4, 3
❸ 예 6, 4, 3, 13
답 13

38~39쪽

대표 문제 1
주 9, 2, 3
❶ −, − ❷ 4개

쌍둥이 문제 1-1
4개

대표 문제 2
❶ 6권 ❷ 민서

쌍둥이 문제 2-1

호떡

40~41쪽

대표 문제 3
주 10, 6
❶ 예 ⊘⊘⊘⊘⊘⊘⊘◯◯◯
❷ 4마리

쌍둥이 문제 3-1
3개

대표 문제 4
❶ (위부터) 3, 6 / −, 3, −, 2
❷ 3명

쌍둥이 문제 4-1
3자루

42~43쪽

대표 문제 5
❶ 4 ❷ 15

쌍둥이 문제 5-1
5

대표 문제 6
❶ 1, 3, 5, 7 ❷ 1, 3, 5
❸ 9

쌍둥이 문제 6-1
9

44~45쪽

독해 문제 1
❶ 6 ❷ (위부터) 6, 12, 10, 12
❸ 12

독해 문제 2
주 5, 6
❶ 4개 ❷ 4개 ❸ 8개

46~47쪽

독해 문제 3

주 9, 2, 3

❶, ❷

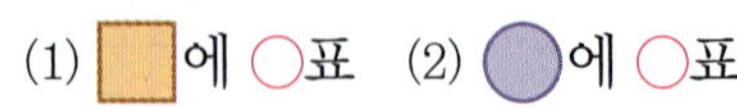

예 ❸ 4장

독해 문제 4

❶ 커야에 ○표, 작아야에 ○표
❷ 2, 3, 5, 9
❸ 9, 2, 3 (또는 9, 3, 2)
❹ 4

48~49쪽

창의 1 1, 2, 6 / 6마리

창의 2 4, 8, 18 / 18개

융합 3 10

창의 4 (위부터) 7, 눈 / 6, 사 / 3, 람

50~51쪽

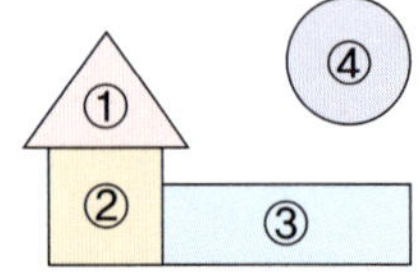

코딩 6 4

코딩 7 13

코딩 8 14

52~53쪽

1 7   2 ㉠

3 13개   4 10송이

5 5, 17   6 6마리

54~55쪽

7 8개   8 8개

9 11   10 4

---

3 모양과 시각

58~59쪽

선행 문제 1

(1) [네모] 에 ○표   (2) [동그라미] 에 ○표

실행 문제 1

❶ [네모] 에 ○표   ❷ 나
답 나

쌍둥이 문제 1-1

다

선행 문제 2

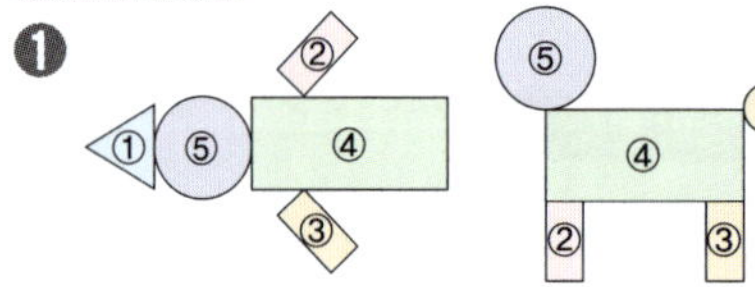

실행 문제 2

❶

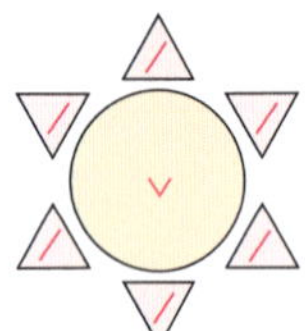

❷ 가
답 가

60~61쪽

선행 문제 3

(1) 6개   (2) 1개

실행 문제 3

❶ 4, 1, 6
❷ [원] 에 ○표
답 [원] 모양

실행 문제 4

❶ 11, 30   ❷ 12   ❸ 영탁
답 영탁

쌍둥이 문제 4-1

효주

62~63쪽

선행 문제 5

(1) 6, 6   (2) 4, 12

실행 문제 5

❶ 3, 4, 6   ❷ 3, 30
답 3시 30분

선행 문제 6

(1) / 3

(2) / 4, 30

실행 문제 6

❶ 몇 시에 ○표   ❷ 12   ❸ 12
답 12시

64~65쪽

대표 문제 1

구 3

❶ [삼각형] 에 ○표
❷ 가, 나

쌍둥이 문제 1-1

나, 라, 마

대표 문제 2

❶

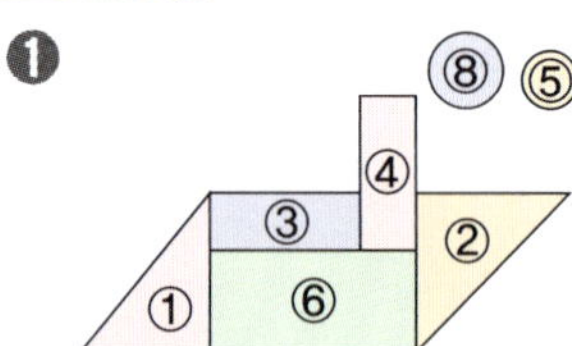

❷ ㉦
❸ [네모] 에 ○표

쌍둥이 문제 2-1

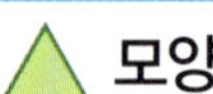 모양

66~67쪽

대표 문제 3
❶ 4, 2, 1
❷ 3개

쌍둥이 문제 3-1
7개

대표 문제 4
❶ 9시 ❷ 8시 30분 ❸ 수현

쌍둥이 문제 4-1
준수

68~69쪽

대표 문제 5
❶ 6, 12 ❷ 6시

쌍둥이 문제 5-1
1시 30분

대표 문제 6
❶ 몇 시에 ◯표
❷ 2시, 3시 ❸ 3시

쌍둥이 문제 6-1
7시

70~71쪽

독해 문제 1
❶ ◯에 ◯표 ❷ ㉡

독해 문제 2
❶ ▢, △에 ◯표
❷ △, ◯에 ◯표
❸ △ 모양

독해 문제 3
❶ 7시, 5시 30분, 6시
❷ ㉡, ㉢, ㉠

독해 문제 4
❶ 4개, 3개, 1개
❷ 8개

72~73쪽

독해 문제 5
❶ 3, 2, 4 ❷ 5, 5, 5
❸ 3개, 1개

독해 문제 6
주 10
❶ 10시 ❷ 11, 12 ❸ 11시

74~75쪽

융합 1 (1) ㉡ (2) ㉠, ㉮, ㉳

융합 2
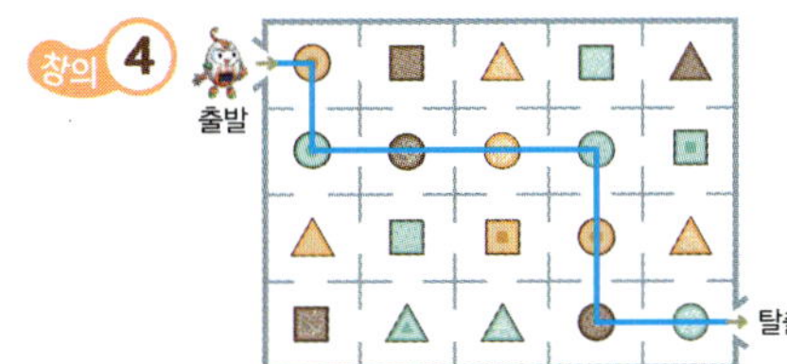

융합 3 2개

창의 4
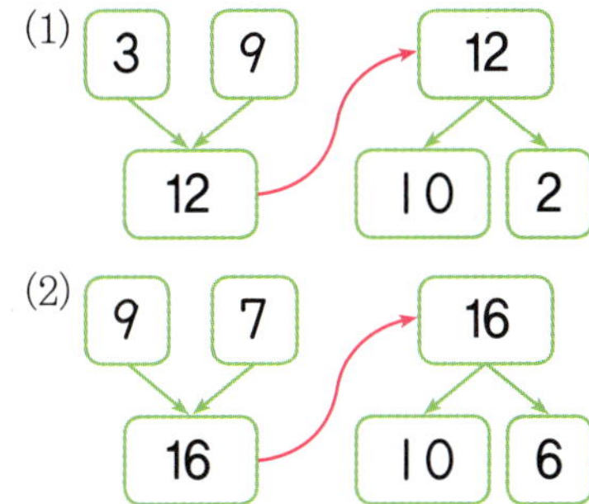

76~77쪽

창의 5 ◯에 ◯표

창의 6 ▢에 ◯표

창의 7 나, 다

융합 8 3시

코딩 9 2개, 2개, 1개

78~79쪽

1 ㉠ **2** ㉡

3 **4** △ 모양

5 태현 **6** 7시 30분

80~81쪽

7 6개 **8** 9시 30분
9 9개 **10** 5시 30분

4 덧셈과 뺄셈(2)

84~85쪽

선행 문제 1
(1) ＋ (2) －

실행 문제 1
❶ ＋에 ◯표 ❷ ＋, 13
답 13자루

쌍둥이 문제 1-1
9개

선행 문제 2
(1) 3 9 → 12
12 → 10 2
(2) 9 7 → 16
16 → 10 6

실행 문제 2
❶ 10
❷ 5 6 → 11 , 1
11 → 10 1
답 1개

다르게 풀기
❶ 10 ❷ 6, 11
❸ 11, 1
답 1개

86~87쪽

선행 문제 3
(1) 가르기에 ◯표
(2) 모으기에 ◯표

실행 문제 3-1
❶ 8 ❷ 8
답 8

실행 문제 3-2
❶ 12 ❷ 12
답 12

선행 문제 4
8, 8

실행 문제 4
❶ 9 ❷ 7 ❸ 9, 7, 16
답 16

88~89쪽

대표 문제 1
주 4, 12
❶ 11장 ❷ 혜성

쌍둥이 문제 1-1
아라

대표 문제 2
주 8, 10
❶ 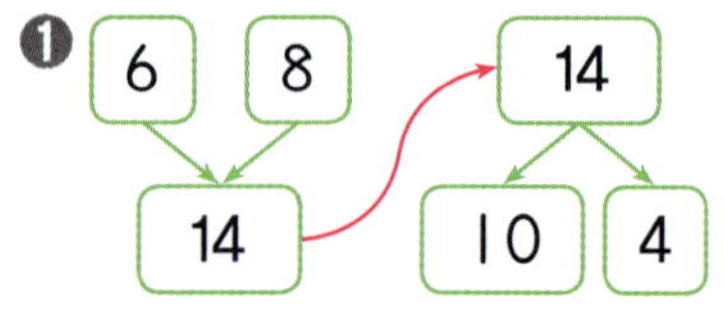
❷ 4개

쌍둥이 문제 2-1
2장

90~91쪽

대표 문제 3
구 ㉠
❶ 12 ❷ 6

쌍둥이 문제 3-1
7

대표 문제 4
❶ 작은에 ◯표
❷ 13−8, 5

쌍둥이 문제 4-1
9

92~93쪽

독해 문제 1
❶ 7개 ❷ 16개

독해 문제 2
❶ 9개 ❷ 15개

독해 문제 3
주 7, 5
❶ 15쪽 ❷ 14쪽 ❸ 진호

94~95쪽

독해 문제 4
❶ 11 ❷ 11
❸ 9, 14 / 8, 13 / 6, 11
❹ 8, 9

독해 문제 5
❶ 커야에 ◯표
❷ 17−9=8, 17−8=9
❸ 9−8=1
❹ 17−9=8, 17−8=9

96~97쪽

코딩 1 7, 8, 15
코딩 2 9, 8, 17
창의 3 (1) 1, 3, 13
        (2) 2, 3, 12
창의 4 6, 4

98~99쪽

코딩 5 (계산 순서대로) 11, 6
코딩 6 (계산 순서대로) 5, 14
창의 7
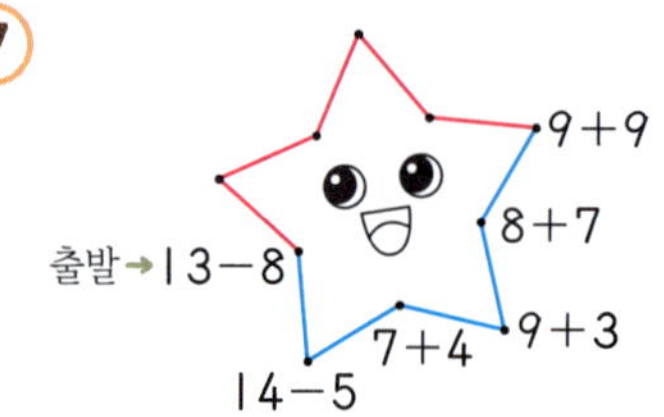

창의 8
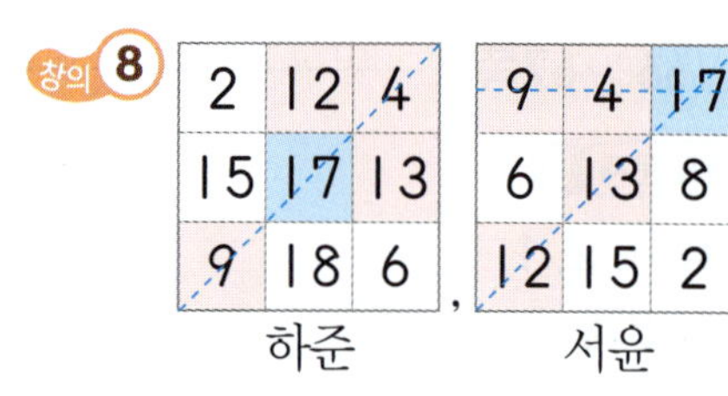

2	12	4
15	17	13
9	18	6

9	4	17
6	13	8
12	15	2

하준 , 서윤

/ 서윤

100~101쪽

1 4개   2 12개
3 9개   4 8
5 유천   6 12개

102~103쪽

7 5개   8 2
9 8   10 8

---

5 규칙 찾기

106~107쪽

선행 문제 1
(1) 포도
(2) 풀, 풀

실행 문제 1
❶
❷ 5, 1 ❸ 3
답 3

선행 문제 2
(1) 주황
(2) 초록, 주황

실행 문제 2
❶ 노란, 노란
❷ 노란, 노란
❸ 보라, 노란, 노란
답 노란색, 노란색

108~109쪽

선행 문제 3
⑴ 8, 7 ⑵ 6, 6, 27

실행 문제 3
❶ 2 ❷ 2, 14 / 14, 2, 16
답 16

선행 문제 4
1, 10

실행 문제 4
❶ 10 ❷ 10, 58, 68 / 68
답 68

110~111쪽

대표 문제 1
❶ 2, 5, 0 ❷ 2, 0

쌍둥이 문제 1-1
5, 0

대표 문제 2
구 하늘
❶ 하늘, 노란, 하늘
❷

❸ 5칸

쌍둥이 문제 2-1
3개

112~113쪽

대표 문제 3
구 12
❶ 흰색, 검은색, 검은색
❷ ○ ● ● ❸ 검은색

쌍둥이 문제 3-1
흰색

대표 문제 4
❶ 1 ❷ 10 ❸ 67

쌍둥이 문제 4-1
86

114~115쪽

독해 문제 1
❶ 12, 1
❷

독해 문제 2
❶ 0, 2, 5 ❷ 7

독해 문제 3
주 22, 13
❶ 3 ❷ 74, 71, 68, 65 ❸ 68

116~117쪽

독해 문제 4
구 차에 ○표
❶ 초록색, 빨간색
❷

❸ 11개, 4개 ❹ 7개

독해 문제 5
구 12
❶ 흰색, 흰색, 검은색
❷ ○ ● ❸ 8개

118~119쪽

융합 ① 초록색
창의 ②

창의 ③

창의 ④
에 ○표
창의 ⑤ 초록색

120~121쪽

융합 ⑥ ㉡   융합 ⑦

코딩 ⑧ 초록색   융합 ⑨ 4번

122~123쪽

1 2

2

3 3

4

21	22	23	24	25	26	27	28	29	30
31	32	33	34	35	36	37	38	39	40
41	42	43	44	45	46	47	48	49	50

5 6칸

6 1시

124~125쪽

7 5, 0

8 75

9 검은색

10 11칸, 9칸

6 덧셈과 뺄셈(3)

128~129쪽

선행 문제 1
⑴ 덧셈식에 ○표, ＋
⑵ 뺄셈식에 ○표, －

실행 문제 1
❶ 덧셈식에 ○표
❷ 25, 28
답 28장

쌍둥이 문제 1-1
30마리

선행 문제 2
60, 30

실행 문제 2
❶ 74, 13 ❷ －, 61
답 61개

빠른 정답

130 ~ 131쪽

선행 문제 3

(1) 7 / 7, 39　(2) 3 / 3, 35

실행 문제 3

❶ 14, 25, 32

❷ 14, 32 (또는 32, 14)

❸ 14, 32, 46 (또는 32, 14, 46)

답 46

선행 문제 4

(1) 74　(2) 24

실행 문제 4

❶ 7, 3, 2　❷ 73　❸ 73, 88

답 88

132 ~ 133쪽

선행 문제 5

① 7　② 1

실행 문제 5

❶ 8, 3　❷ 3, 1

답 1, 3

쌍둥이 문제 5-1

5, 1

선행 문제 6

9, 7 / 23, 34

실행 문제 6

예상1 32 / 32, 52 / 아니다에 ○표

예상2 32 / 32, 62 / 맞다에 ○표

답 30, 32, 62 (또는 32, 30, 62)

134 ~ 135쪽

대표 문제 1

구 귤

주 33, 12

❶ ─　❷ 21개

쌍둥이 문제 1-1

19개

대표 문제 2

주 56, 20

❶ (위부터) 56, 20

❷ 36마리

쌍둥이 문제 2-1

33개

136 ~ 137쪽

대표 문제 3

❶ 43　❷ 40　❸ 83

쌍둥이 문제 3-1

53

대표 문제 4

❶ 9, 6, 4　❷ 96　❸ 74

쌍둥이 문제 4-1

17

138 ~ 139쪽

대표 문제 5

❶ 5　❷ 6

쌍둥이 문제 5-1

(1) 6, 4　(2) 8, 4

대표 문제 6

❶ 75 / 75, 40 (또는 40, 75)

❷ 75, 45 / 75, 40, 35

❸ 75, 40, 35

쌍둥이 문제 6-1

65─43=22

140 ~ 141쪽

독해 문제 1

❶    

❷ 78, 62　❸ 16

독해 문제 2

주 11, 36

❶ (위부터) 11, 36

❷ 25자루

142 ~ 143쪽

독해 문제 3

구 합

❶ 63　❷ 13　❸ 76

독해 문제 4

❶ 커야에 ○표

❷ 67─21=46,

　 67─56=11

❸ 44─21=23

144 ~ 145쪽

창의 ① 76점

융합 ② 69걸음

창의 ③ 지우, 3

융합 ④ 71명

146 ~ 147쪽

코딩 ⑤ (1) 58　(2) 13　(3) 75

코딩 ⑥ 46

코딩 ⑦ 59

148 ~ 149쪽

1 21　　**2** ㉡

3 31자루　　**4** 39개

5 21개　　**6** 88

150 ~ 151쪽

7 79　　**8** 8, 2

9 89─72=17

10 80

정답과 자세한 풀이

1 100까지의 수

FUN한 이야기　4~5쪽

1/ 6/ 1, 8, 6/ 86

1 STEP 문제 해결력 기르기　6~11쪽

6쪽

선행 문제 1

(1) **배**에 ○표
(2) **지우개**에 ○표

실행 문제 1

❶ >

> **참고** 10개씩 묶음의 수가 같으므로 낱개의 수를 비교한다.

❷ 서연　　　**답** 서연

쌍둥이 문제 1-1

❶ 88>85
❷ **전략** '더 적게'이므로 더 작은 수를 찾자.
　줄넘기를 더 적게 한 사람: 연두
　　　답 연두

7쪽

선행 문제 2

(1) 1, 7
(2) 2, 8

실행 문제 2

❶ 1
❷ 7 / 73　　　**답** 73

8쪽

선행 문제 3

① **같다**에 ○표
② 7 / 8, 9

실행 문제 3

❶ **같다**에 ○표
❷ 4
❸ 1, 2, 3

> **참고** ■는 4보다 작아야 하므로 ■가 될 수 있는 수는 1, 2, 3이다.

　　　답 1, 2, 3

9쪽

선행 문제 4

83, **작은**에 ○표, 82

실행 문제 4

❶ 79
❷ **작은**에 ○표
❸ 78　　　**답** 78

쌍둥이 문제 4-1

❶ 

❷ 어떤 수는 61보다 1만큼 더 작은 수
❸ **전략** 위 ❷에서 설명한 어떤 수를 수로 나타내자.
　어떤 수는 60
　　　답 60

10쪽

실행 문제 5-1

❶ 87, 88, 89, 90, 91, 92
❷ 88, 89, 90, 91

> **주의** '■와 ▲ 사이에 있는 수'에는 ■와 ▲가 포함되지 않는다.

　　　답 88, 89, 90, 91

실행 문제 5-2

❶ 77, 78, 79
❷ 76, 77, 78
　　　답 76, 77, 78

11쪽

선행 문제 6

① 7 ② 4

실행 문제 6

❶ 3, 4

❷ 2, 4

❸ 42, 43   답 23, 24, 32, 34, 42, 43

2강 수학 사고력 키우기   12~17쪽

12쪽

대표 문제 1

주 71

해 ❶ 답 >

❷ 더 작은 수가 64이므로 놀이공원에 더 먼저 입장한 가족은 성민이네 가족이다.

답 성민

쌍둥이 문제 1-1

구 번호표를 더 나중에 받은 가족

주 받은 번호표의 수

→ 예슬이네 가족: 92번, 수진이네 가족: 82번

어 두 가족이 받은 번호표의 수의 크기를 비교하여 번호표를 더 나중에 받은 가족을 찾자.

❶ 92>82

❷ 번호표를 더 나중에 받은 가족: 예슬이네 가족

참고
❶ 10개씩 묶음의 수가 큰 쪽이 더 큰 수이다.
❷ '더 나중에'이므로 더 큰 수를 찾아야 한다.
따라서 예슬이네 가족이 번호표를 더 나중에 받았다.

답 예슬

13쪽

대표 문제 2

해 ❶ 답 7, 4

❷ 10개씩 묶음 7개와 낱개 4개는 74이다. 따라서 곶감은 모두 74개이다.

답 74개

쌍둥이 문제 2-1

구 지우개의 수

어 **1** 낱개 10개는 10개씩 묶음 1개와 같다는 것을 이용하여 전체 지우개의 수를 10개씩 묶음과 낱개의 수로 한 번에 나타낸 후,

2 수로 바꾸어 나타내자.

❶ 전략 10개씩 묶음 6개와 낱개 37개를 10개씩 묶음의 수와 낱개의 수로 나타내자.

10개씩 묶음 6개	낱개 37개

지우개의 수:

10개씩 묶음 9개	낱개 7개

❷ 지우개는 모두 97개이다.   답 97개

14쪽

대표 문제 3

해 ❶ 답 < ❷ 답 1, 2

참고
■는 3보다 작아야 하므로 ■가 될 수 있는 수는 1, 2 이다.

❸ 답 2개

쌍둥이 문제 3-1

구 ■가 될 수 있는 수의 개수

어 **1** 10개씩 묶음의 수 또는 낱개의 수 중 비교해야 할 부분을 찾아보고,

2 위 **1**에서 찾은 비교할 부분에서 ■가 될 수 있는 수를 모두 구해 그 개수를 세자.

❶ 전략 10개씩 묶음의 수가 같을 때는 낱개의 수의 크기를 비교하자.

낱개의 수의 크기 비교하기: ■>6

❷ 전략 위 ❶에서 구한 범위에 맞는 ■를 모두 찾자.

■가 될 수 있는 수: 7, 8, 9

❸ ■가 될 수 있는 수는 모두 3개   답 3개

15쪽

대표 문제 4

해 ❶ 답 60, 어떤 수

❷ 답 큰에 ○표

❸ 60보다 1만큼 더 큰 수는 61이므로 어떤 수는 61이다.   답 61

쌍둥이 문제 4-1

구 어떤 수

어 (어떤 수보다 1만큼 더 작은 수)=89

→ (어떤 수)=(89보다 1만큼 더 ? 수)에서

? 를 알아보자.

❶ 89 ⟶ 어떤 수
1만큼 더 큰 수
1만큼 더 작은 수

❷ 어떤 수는 89보다 1만큼 더 큰 수

❸ [전략] 위 ❷에서 설명한 어떤 수를 수로 나타내자.

어떤 수는 90

답 90

16쪽

대표 문제 5

해 ❶ 65와 73 사이에 있는 수는 65보다 1만큼
더 큰 수 66부터 73보다 1만큼 더 작은 수
72까지의 수이다.

답 66, 67, 68, 69, 70, 71, 72

주의 65와 73 사이에 있는 수에는 65와 73이 포함되지 않
는다.

❷ **답** 66, 68, 70, 72

❸ **답** 4개

쌍둥이 문제 5-1

구 설명을 모두 만족하는 수의 개수

어 ❶ 89보다 크고 96보다 작은 수를 모두 구하고,
❷ 위 ❶에서 구한 수 중 홀수를 찾아 그 개수를
세자.

❶ [전략] 89보다 1만큼 더 큰 수부터 96보다 1만큼 더 작은
수까지 쓰자.

89보다 크고 96보다 작은 수:
90, 91, 92, 93, 94, 95

참고 89보다 큰 수를 차례로 쓰면 90, 91, 92, 93, 94, 95,
96……이고,
이 중 96보다 작은 수는 90, 91, 92, 93, 94, 95이다.

❷ [전략] 둘씩 짝을 지을 때 남는 수가 있는 수를 찾자.

위 ❶의 수 중 홀수: 91, 93, 95

❸ [전략] 위 ❷에서 답한 수의 개수를 세자.

설명을 모두 만족하는 수는 3개 **답** 3개

17쪽

대표 문제 6

구 수 카드를 사용하여 만들 수 있는 몇십몇의 개수

주 수 카드의 수: 1, 5, 8

해 ❶ **답** 15, 18 / 51, 58 / 81, 85

❷ **답** 6개

쌍둥이 문제 6-1

구 수 카드를 사용하여 만들 수 있는 몇십몇의 개수

주 수 카드의 수: 4, 6, 7

어 ❶ 수 카드를 한 장씩 10개씩 묶음의 수 자리에
놓고, 나머지 수 카드를 낱개의 수 자리에 한
번씩 놓아 몇십몇을 만든 후,
❷ 위 ❶에서 만든 몇십몇의 개수를 세자.

❶ [전략] 한 장씩 10개씩 묶음의 수 자리에 놓아가며 몇십몇
을 만들자.

10개씩 묶음의 수가 4인 몇십몇: 46, 47

10개씩 묶음의 수가 6인 몇십몇: 64, 67

10개씩 묶음의 수가 7인 몇십몇: 74, 76

❷ [전략] 위 ❶에서 구한 몇십몇의 개수를 세자.

만들 수 있는 몇십몇은 모두 6개

답 6개

3 수학 독해력 완성하기 18~21쪽

18쪽

독해 문제 1

주 68

해 ❶ **답** 6, 8

❷ 10장씩 묶음 6개와 낱개 8장에서 10장씩
묶음 2개를 사용했으므로 남은 색종이는 10장
씩 묶음 6−2=4(개)와 낱개 8장이다.

답 4, 8

❸ 남은 색종이는 10장씩 묶음 4개와 낱개 8장
이므로 48장이다.

답 48장

독해 문제 | 1-1 　정답에서 제공하는 **쌍둥이 문제**

지아는 불지 않은 풍선을 75개 갖고 있습니다./
이 중에서 10개씩 묶음 3개를 사용했다면/
남은 풍선은 몇 개인가요?

구 사용하고 남은 풍선의 수

주 • 처음에 갖고 있던 풍선의 수: 75개
　• 사용한 풍선의 수: 10개씩 묶음 3개

어 **1** 처음에 갖고 있던 풍선의 수를 10개씩 묶음과 낱개의 수로 나타내고,
　2 10개씩 묶음의 수끼리 계산하여 남은 풍선의 수를 구하자.

해 **❶** 75개는 10개씩 묶음 7개와 낱개 5개
　❷ 사용하고 남은 풍선의 수:
　　10개씩 묶음 7−3=4(개)와 낱개 5개
　❸ 남은 풍선의 수: 45개

　　　　　　　답 45개

19쪽

독해 문제 | 2

해 **❶** 10개씩 묶음의 수가 2인 몇십몇: 28, 27
　　10개씩 묶음의 수가 8인 몇십몇: 82, 87
　　10개씩 묶음의 수가 7인 몇십몇: 72, 78

　　　　　답 28, 27, 82, 87, 72, 78

　❷ 둘씩 짝을 지을 때 남는 수가 있는 수를 모두 찾으면 27, 87이다.

　　　　　　　답 27, 87

　❸ **답** 2개

독해 문제 | 2-1 　정답에서 제공하는 **쌍둥이 문제**

수 카드 2장을 골라/
한 번씩만 사용하여 만들 수 있는 몇십몇 중에서/
짝수는 모두 몇 개인가요?

　　　　　1　　2　　4

구 수 카드로 만들 수 있는 몇십몇 중 짝수의 개수

주 수 카드: , 2, 

어 **1** 수 카드를 한 장씩 10개씩 묶음의 수 자리에 놓고, 나머지 수 카드를 낱개의 수 자리에 한 번씩 놓아 몇십몇을 만든 후,
　2 위 **1**에서 만든 몇십몇 중 둘씩 짝을 지을 때 남는 수가 없는 수를 모두 찾아 그 개수를 세자.

해 **❶** 10개씩 묶음의 수가 1인 몇십몇: 12, 14
　　10개씩 묶음의 수가 2인 몇십몇: 21, 24
　　10개씩 묶음의 수가 4인 몇십몇: 41, 42
　❷ 짝수 ➜ 12, 14, 24, 42
　❸ 수 카드로 만들 수 있는 몇십몇 중 짝수는 모두 4개

　　　　　　　답 4개

20쪽

독해 문제 | 3

해 **❶** **답** <
　❷ **답** 있다에 ○표
　❸ ■가 7일 때: 77<79(○),
　　■가 8일 때: 77<89(○),
　　■가 9일 때: 77<99(○)　　　**답** 7, 8, 9
　❹ **답** 3개

독해 문제 | 3-1 　정답에서 제공하는 **쌍둥이 문제**

1부터 9까지의 수 중에서/
■가 될 수 있는 수는 모두 몇 개인가요?

　　　　　62>■1

어 **1** ■가 10개씩 묶음의 수가 같을 때부터 될 수 있는지 구한 후,
　2 ■가 될 수 있는 수를 모두 써서 그 개수를 세자.

해 **❶** ■가 6일 때 크기 비교하기: 62>61
　❷ ■는 6이 될 수 있다.
　❸ ■가 될 수 있는 수: 6, 5, 4, 3, 2, 1
　❹ ■가 될 수 있는 수는 모두 6개

　　　　　　　답 6개

21쪽

독해 문제 | 4

주 •75 •크다에 ○표

해 ❶ 67과 75 사이에 있는 수는 67보다 1만큼 더 큰 수 68부터 75보다 1만큼 더 작은 수 74까지의 수이다.

답▶ 68, 69, 70, 71, 72, 73, 74

❷ 68(6<8), 69(6<9), **70**(7>0), **71**(7>1), **72**(7>2), **73**(7>3), **74**(7>4)

답▶ 70, 71, 72, 73, 74

❸ 설명을 모두 만족하는 수는 70, 71, 72, 73, 74이므로 5개이다. **답▶** 5개

독해 문제 | 4-1   정답에서 제공하는 **쌍둥이 문제**

설명을 모두 만족하는 수는 몇 개인가요?

- 55와 63 사이에 있는 수입니다.
- 10개씩 묶음의 수가 낱개의 수보다 작습니다.

어 ❶ 55와 63 사이에 있는 수를 모두 구하고,
❷ 위 ❶에서 구한 수 중 10개씩 묶음의 수가 낱개의 수보다 작은 수를 찾아 그 개수를 세자.

해 ❶ 55와 63 사이에 있는 수:
56, 57, 58, 59, 60, 61, 62
❷ 10개씩 묶음의 수가 낱개의 수보다 작은 수:
56, 57, 58, 59
❸ 설명을 모두 만족하는 수는 4개

답▶ 4개

4 STEP 창의·융합·코딩 체험하기   22~25쪽

22쪽

창의 1

의자가 10개씩 6줄이므로 모두 60개이다.

답▶ 60개

창의 2

답▶ 예 장미가 83송이 있습니다.

23쪽

창의 3

팔찌 한 개를 만드는 데 구슬 10개가 필요하고, 구슬은 10개씩 7묶음이므로 구슬을 모두 사용하여 만들 수 있는 팔찌는 7개이다. **답▶** 7개

코딩 4

(1) 88보다 1만큼 더 큰 수는 89이다.
따라서 로봇이 말해야 할 수는 89이다.

답▶ 89

(2) 74보다 1만큼 더 작은 수는 73이다.
따라서 로봇이 말해야 할 수는 73이다.

답▶ 73

24쪽

창의 5

66보다 1만큼 더 큰 수는 67이고, 70보다 1만큼 더 작은 수는 69이다.

답▶

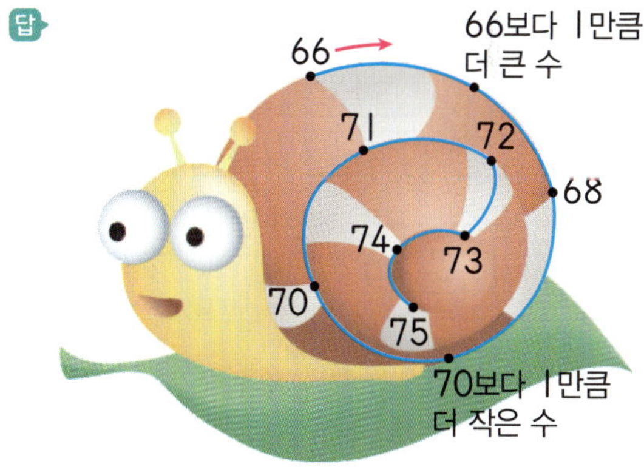

창의 6

10개씩 묶음 6개와 낱개 7개는 67이라 하고 '육십칠' 또는 '예순일곱'이라고 읽는다.

답▶ 67, 육십칠

창의 7

10개씩 묶음 9개와 낱개 1개는 91이라 하고 '구십일' 또는 '아흔하나'라고 읽는다.

답▶ 구십일, 아흔하나

25쪽

코딩 8

흰색 돌은 8개이므로 둘씩 짝을 지을 때 남는 수가
없는 수이므로 짝수이고,
검은색 돌은 5개이므로 둘씩 짝을 지을 때 남는 수가
있는 수이므로 홀수이다.
따라서 검은색 돌을 1개 더 놓아야 짝수가 되므로 ㉠
에는 검은색으로 입력해야 한다.

답 검은색

코딩 9

흰색 돌이 8개 있고, 시작하기 버튼을 클릭하면 흰색
돌이 10개씩 7번 놓이므로 흰색 돌은 10개씩 묶음
7개와 낱개 8개인 78개가 된다.

답 78개

종합평가 실전 마무리 하기 26 ~ 29쪽

26쪽

1 ❶ 77 > 74
❷ 딸기를 더 많이 딴 사람: 현아   **답** 현아

2 ❶
| 어떤 수 | 1만큼 더 큰 수 → | 98 |
| | ← 1만큼 더 작은 수 | |

❷ 어떤 수는 98보다 1만큼 더 작은 수
❸ 어떤 수는 97   **답** 97

3 ❶ 73 > 69
❷ 순번표를 더 먼저 뽑은 가족: 진영이네 가족

참고 '더 먼저'이므로 더 작은 수를 찾아야 한다.

답 진영

27쪽

4 ❶

| 10장씩 묶음 7개 | 낱개 18장 |

색종이의 수:
| 10장씩 묶음 8개 | 낱개 8장 |

❷ 색종이는 모두 88장

답 88장

5 ❶ 낱개의 수의 크기 비교하기: ■ < 6
❷ ■가 될 수 있는 수: 1, 2, 3, 4, 5
❸ ■가 될 수 있는 수는 모두 5개   **답** 5개

6 ❶
| 74 | 1만큼 더 큰 수 → | 어떤 수 |
| | ← 1만큼 더 작은 수 | |

❷ 어떤 수는 74보다 1만큼 더 큰 수
❸ 어떤 수는 75   **답** 75

28쪽

7 ❶ 57과 68 사이에 있는 수: 58, 59, 60, 61,
62, 63, 64, 65, 66, 67

참고 57과 68 사이에 있는 수는 57보다 1만큼 더 큰 수 58
부터 68보다 1만큼 더 작은 수 67까지의 수이다.

❷ 위 ❶의 수 중 홀수: 59, 61, 63, 65, 67
❸ 설명을 모두 만족하는 수는 5개

답 5개

8 ❶ 10개씩 묶음의 수가 3인 몇십몇: 35, 39
10개씩 묶음의 수가 5인 몇십몇: 53, 59
10개씩 묶음의 수가 9인 몇십몇: 93, 95
❷ 만들 수 있는 몇십몇은 모두 6개

답 6개

29쪽

9 ❶ 72마리 → 10마리씩 7묶음과 낱개 2마리
❷ 팔고 남은 생선의 수
→ 10마리씩 2묶음과 낱개 2마리
❸ 남은 생선의 수: 22마리   **답** 22마리

참고 ❷ 10마리씩 7묶음과 낱개 2마리에서 10마리씩 5묶
음을 팔았으므로 남은 생선은 10마리씩
7 − 5 = 2(묶음)과 낱개 2마리이다.
❸ 남은 생선이 10마리씩 2묶음과 낱개 2마리이므로
22마리이다.

10 ❶ 만들 수 있는 몇십몇:
14, 18, 41, 48, 81, 84
❷ 위 ❶의 수 중 짝수: 14, 18, 48, 84
❸ 만들 수 있는 몇십몇 중 짝수는 모두 4개

답 4개

2 덧셈과 뺄셈(1)

FUN한 이야기 30~31쪽

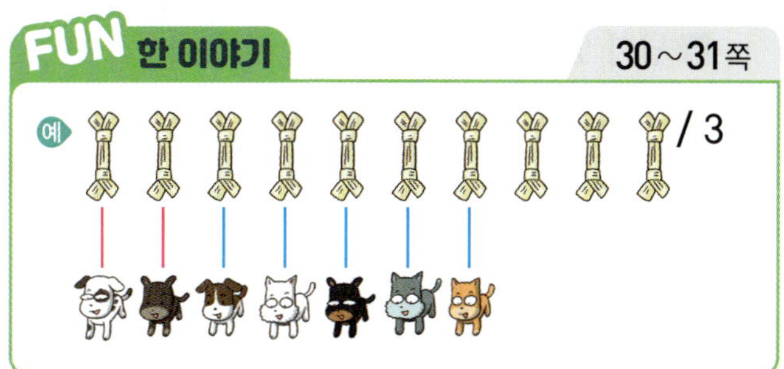

1 STEP 문제 해결력 기르기 32~37쪽

32쪽

선행 문제 1
(1) +, +
(2) −, −

실행 문제 1
❶ 덧셈식에 ◯표
❷ +, +, 9

답 9권

33쪽

선행 문제 2
(1) 8, ㉡
(2) 8, ㉠

실행 문제 2
❶ 3, 10
❷ 10, >, 종이비행기에 ◯표

답 종이비행기

34쪽

실행 문제 3
❶, ❷

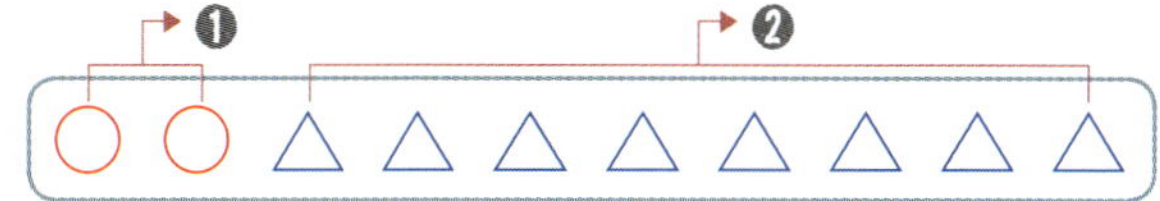

❸ 8

답 8마리

35쪽

실행 문제 4
❶

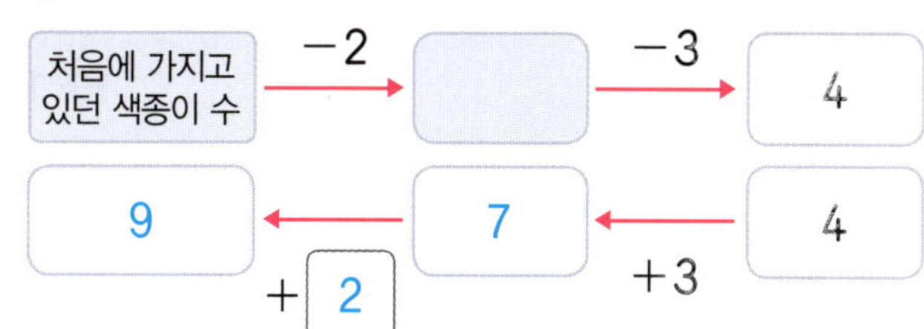

❷ 9

답 9장

36쪽

선행 문제 5

(1)
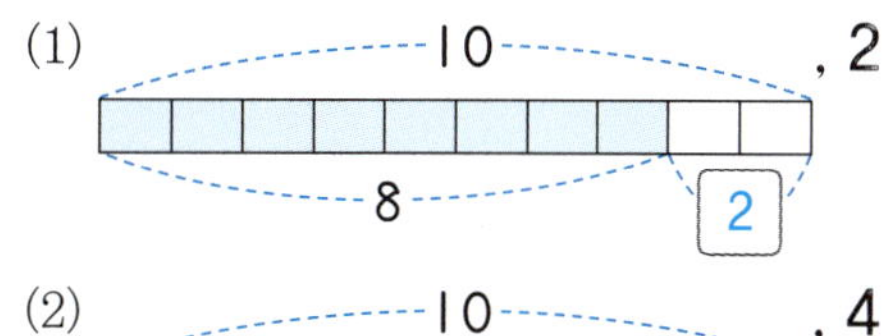
10 , 2
8 | 2

(2)
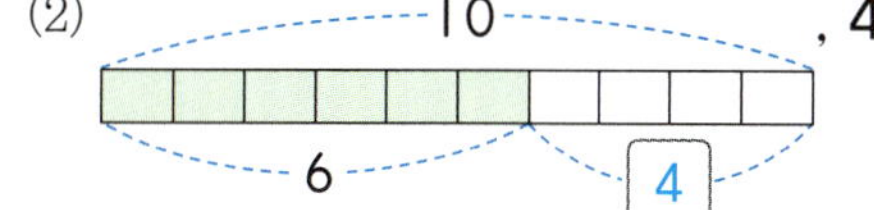
10 , 4
6 | 4

실행 문제 5
❶
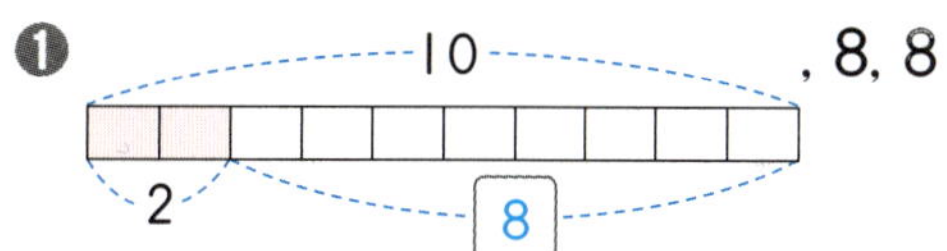
10 , 8, 8
2 | 8

❷ 8, 2

답 2

쌍둥이 문제 5-1

❶ 전략 5와 더하여 10이 되는 수를 찾자.

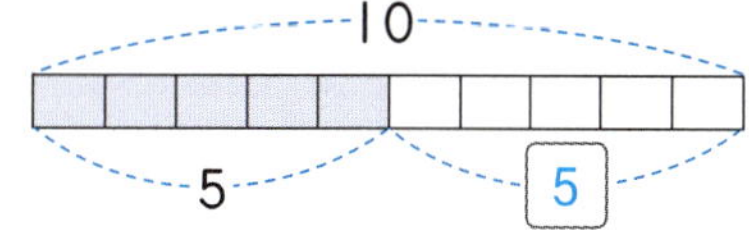
10
5 | 5

→ 5+5=10이므로 ◆=5이다.

❷ 전략 위 ❶에서 구한 ◆의 값을 ◆+2=♥의 ◆에 넣어 계산하자.

◆+2=♥ → 5+2=7

답 7

37쪽

선행 문제 6
① 3 , 4 에 ◯표
② 3, 4, 7 (또는 4, 3, 7)

실행 문제 6

❶ 6, 4, 3, 1
❷ 6, 4, 3
❸ 예 6, 4, 3, 13

답 13

2 STEP 수학 사고력 키우기   38~43쪽

38쪽

대표 문제 1

주 • 9   • 2   • 3

해 ❶ 처음 귤 9개에서 연주가 2개 먹고, 미진이가 3개 먹고 남은 귤의 수
➜ 9−2−3

식 9−2−3

❷ 9−2−3=4(개)

답 4개

쌍둥이 문제 1-1

구 남은 풍선 수

주 • 처음에 가지고 있던 풍선 수: 7개
• 친구에게 준 풍선 수: 1개
• 터진 풍선 수: 2개

❶ 전략 세 수의 덧셈식을 세워야 할지, 뺄셈식을 세워야 할지 생각해 보자.
남은 풍선을 구하는 식: 7−1−2

❷ 전략 앞에서부터 차례로 계산하자.
7−1−2=4(개)

답 4개

39쪽

대표 문제 2

해 ❶ 10−4=6(권)

답 6권

❷ 6권>5권이므로 공책을 더 많이 가지고 있는 사람은 민서이다.

답 민서

쌍둥이 문제 2-1

구 호떡과 붕어빵 중에서 더 많이 남아 있는 것

어 1 먹고 남은 호떡은 몇 개인지 구하고,
2 남아 있는 호떡과 붕어빵의 수를 비교하자.

❶ 전략 (처음에 있던 호떡 수)−(먹은 호떡 수)
(먹고 남은 호떡 수)=10−2=8(개)

❷ 전략 위 ❶에서 구한 수와 붕어빵의 수를 비교하자.
8개>7개이므로 더 많이 남아 있는 것은 호떡이다.

답 호떡

40쪽

대표 문제 3

주 • 10   • 6

해 ❶ 답 예 ⊘⊘⊘⊘○○○○○○

❷ /으로 지운 ○를 세어 보면 4개이다.

답 4마리

쌍둥이 문제 3-1

구 친구에게 준 지우개 수

주 • 처음에 있던 지우개 수: 10개
• 남은 지우개 수: 7개

❶ 처음에 있던 지우개 수만큼 ○를 그리고, 7개가 남을 때까지 /으로 지우기

예 ⊘⊘⊘○○○○○○○

❷ 친구에게 준 지우개 수: 3개

답 3개

41쪽

대표 문제 4

해 ❶ 답

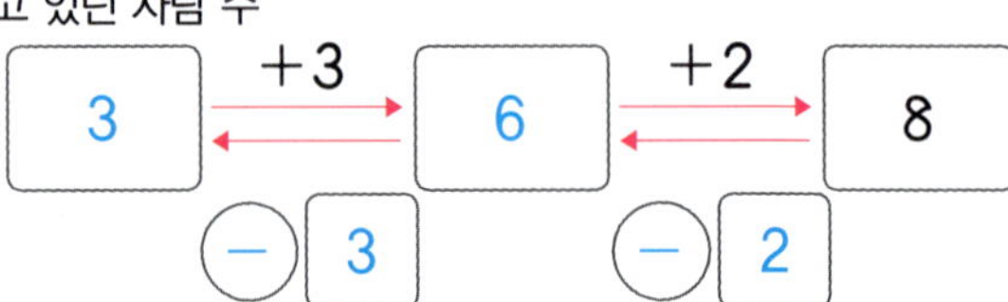

❷ 8−2−3=3(명)

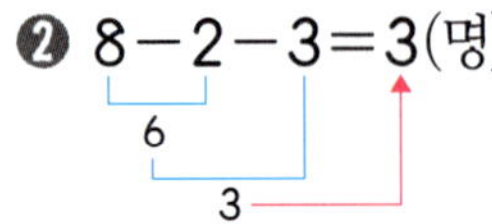

답 3명

쌍둥이 문제 | 4-1

구 윤하가 처음에 가지고 있던 연필 수

① [전략] 계산 방법과 순서를 거꾸로 하여 계산하자.

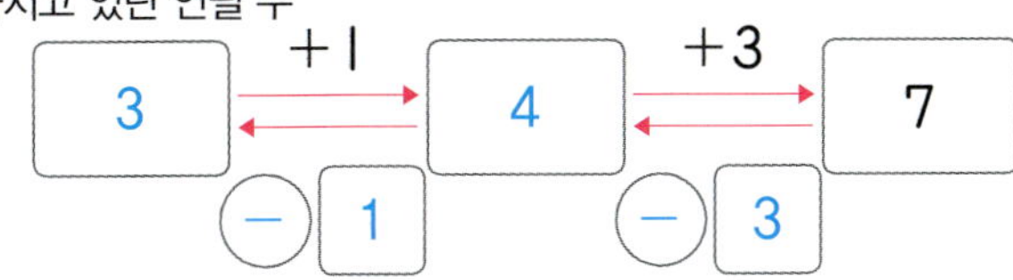

② $7-3-1=3$(자루)

윤하가 처음 가지고 있던 연필 수: 3자루

답 3자루

42쪽

대표 문제 5

해 ①

$$\rightarrow 10-4=6이므로 \ ■=4이다.$$

답 4

② $5+6+■=★ \rightarrow 5+6+4=15$

답 15

쌍둥이 문제 | 5-1

구 ♥에 알맞은 수

어 ❶ $1+●=10$에서 ●에 알맞은 수를 구하고,
❷ ●를 이용하여 ♥에 알맞은 수를 구하자.

① [전략] 1에 몇을 더해야 10이 되는지 구하자.

$$\rightarrow 1+9=10이므로 \ ●=9이다.$$

참고

② [전략] 위 ❶에서 구한 ●의 값을 $●-1-3=♥$의 ●에 넣어 계산하자.

$$●-1-3=♥ \rightarrow 9-1-3=5$$

답 5

43쪽

대표 문제 6

해 ① **답** 1, 3, 5, 7

② 작은 수부터 차례로 3개의 수를 찾으면 1, 3, 5이다.

답 1, 3, 5

③ $1+3+5=9$

답 9

쌍둥이 문제 | 6-1

① 수의 크기 비교하기: $2<3<4<5$
② 합이 가장 작게 되는 세 수: 2, 3, 4
③ $2+3+4=9$

답 9

STEP 3 수학 독해력 완성하기   44~47쪽

44쪽

독해 문제 | 1

해 ① $㉠+4=10$에서 $6+4=10$이므로 $㉠=6$이다.

답 6

② **답** $\boxed{6}+4+2=\boxed{12}$

③ **답** 12

독해 문제 | 1-1

정답에서 제공하는 쌍둥이 문제

㉠과 9의 합은 10입니다. /
㉠과 ㉡에 알맞은 수를 구하세요.

$$\boxed{㉠}+9+4=\boxed{㉡}$$

해 ① $㉠+9=10$에서 $1+9=10$이므로 $㉠=1$이다.

② $1+9+4=14$

③ $㉡=14$

답 ㉠: 1, ㉡: 14

45쪽

독해 문제 **2**

주 •5 •6

해 ❶ $9-5=4$(개)   답 4개

❷ $10-6=4$(개)   답 4개

❸ $4+4=8$(개)   답 8개

독해 문제 **2-1**   정답에서 제공하는 **쌍둥이 문제**

진우는 가지고 있던 귤 8개 중에서/ 5개를 먹었고,/
현석이는 가지고 있던 귤 10개 중에서/ 7개를 먹
었습니다./
두 사람이 먹고 남은 귤은/ 모두 몇 개인가요?

구 두 사람이 먹고 남은 귤 수

주 •진우: 귤 8개 중에서 5개를 먹음.
•현석: 귤 10개 중에서 7개를 먹음.

어 ① 진우가 먹고 남은 귤 수를 구하고,
② 현석이가 먹고 남은 귤 수를 구한 다음
③ 두 사람이 먹고 남은 귤 수의 합을 구하자.

해 ❶ (진우가 먹고 남은 귤 수)
$=8-5=3$(개)

❷ (현석이가 먹고 남은 귤 수)
$=10-7=3$(개)

❸ (두 사람이 먹고 남은 귤 수)
$=3+3=6$(개)

답 6개

46쪽

독해 문제 **3**

주 •9 •2 •3

해 ❶, ❷

답 예

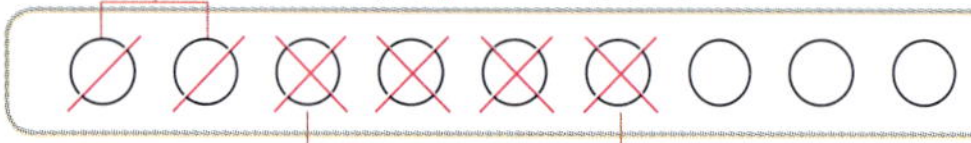

❸ ×로 지운 ○를 세어 보면 4장이다.

답 4장

독해 문제 **3-1**   정답에서 제공하는 **쌍둥이 문제**

윤아는 구슬을 8개 가지고 있었습니다./
구슬 1개를 민정이에게 주고,/
몇 개를 준수에게 주었더니/ 4개가 남았습니다./
윤아가 준수에게 준 구슬은 몇 개인가요?

구 윤아가 준수에게 준 구슬 수

주 •윤아가 가지고 있던 구슬 수: 8개
•민정이에게 준 구슬 수: 1개
•민정이와 준수에게 주고 남은 구슬 수: 4개

어 ① 윤아가 가지고 있던 구슬 수만큼 ○를 그
린 다음 민정이에게 준 구슬 수만큼 /으로
지우고,
② 윤아에게 남은 구슬 수만큼 ○가 남을 때
까지 ×로 지운 다음 준수에게 준 구슬 수
를 알아보자.

해 ❶ 윤아가 가지고 있던 구슬 수만큼 ○를 그
리고, 민정이에게 준 구슬 수만큼 /으로 지
우기

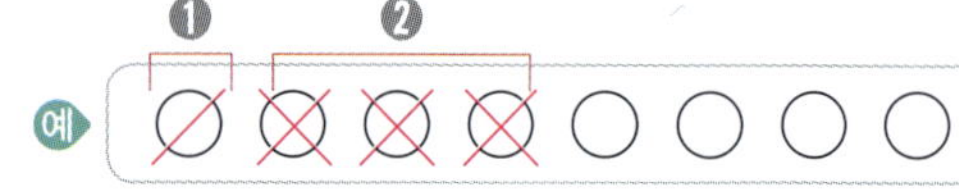

❷ 위 ❶의 그림에 윤아에게 남은 구슬 수만
큼 ○가 남을 때까지 ×로 지우기

❸ ×로 지운 ○는 3개이다.

답 3개

47쪽

독해 문제 **4**

해 ❶ 계산 결과가 가장 크려면 빼지는 수는 커야 하
고, 빼는 수는 작아야 하므로 ㉠은 커야 하고,
㉡과 ㉢은 작아야 한다.

답 **커야**에 ○표, **작아야**에 ○표

❷ 답 2, 3, 5, 9

❸ 빼지는 수에 가장 큰 수를 넣고, 작은 순서대
로 2개의 수를 찾아 뺀다.

식 $9-2-3$ (또는 $9-3-2$)

❹ 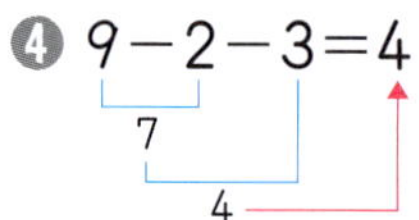   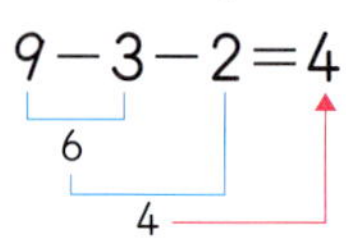

답 4

독해 문제 4-1 | 정답에서 제공하는 쌍둥이 문제

수 카드 3장을 골라 뺄셈식을 만들려고 합니다. /
계산 결과가 가장 클 때의 값은 얼마인지 구하세요.

구 계산 결과가 가장 클 때의 값

어 **1** 각 자리에 어떤 수를 넣어야 계산 결과가
가장 크게 되는지 알아보고,

2 수의 크기를 비교하여 알맞은 자리에 수를
넣어 계산하자.

해 **1** 계산 결과가 가장 크려면 빼지는 수는 커
야 하고 빼는 수는 작아야 한다.

2 수의 크기 비교하기: $1 < 2 < 4 < 8$

3 계산 결과가 가장 큰 식 만들기:
$8-1-2$ (또는 $8-2-1$)

4 계산 결과가 가장 클 때의 값:

$$8-1-2=5 \qquad 8-2-1=5$$

답 5

---

4 STEP 창의 융합·코딩 체험하기 48~51쪽

48쪽

창의 1

닭 3마리, 토끼 1마리, 강아지 2마리이므로 마당에
서 놀고 있는 동물은 모두 $3+1+2=6$(마리)이다.

답 1, 2, 6 / 6마리

창의 2

닭의 다리는 6개, 토끼의 다리는 4개, 강아지의 다
리는 8개이므로 마당에서 놀고 있는 동물들의 다리
는 모두 $6+4+8=18$(개)이다.

답 4, 8, 18 / 18개

49쪽

융합 3

축구공은  모양이고, 모양에 쓰인 수는 8, 2
이다.

➡ $8+2=10$

답 10

창의 4

$10-3=7$(눈), $10-4=6$(사), $10-7=3$(람)

답

차 구하기	글자
$10-3=$ 7	눈
$10-4=$ 6	사
$10-7=$ 3	람

50쪽

창의 5

$1+9=10$, $2+8=10$, $3+7=10$, $5+5=10$,
$6+4=10$

답

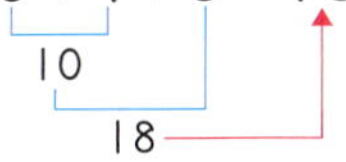
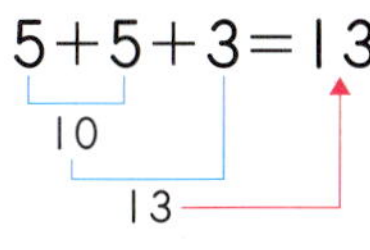

$1+9$ $=10$	$2+8$ $=10$	$2+5$ $=7$	
$3+3$ $=6$	$2+2$ $=4$	$3+7$ $=10$	$6+2$ $=8$
$1+2$ $=3$	$7+1$ $=8$	$5+5$ $=10$	$4+2$ $=6$
$3+5$ $=8$	$4+5$ $=9$	$6+4$ $=10$	

코딩 6

$$8-2-2=4$$

답 4

51쪽

코딩 7

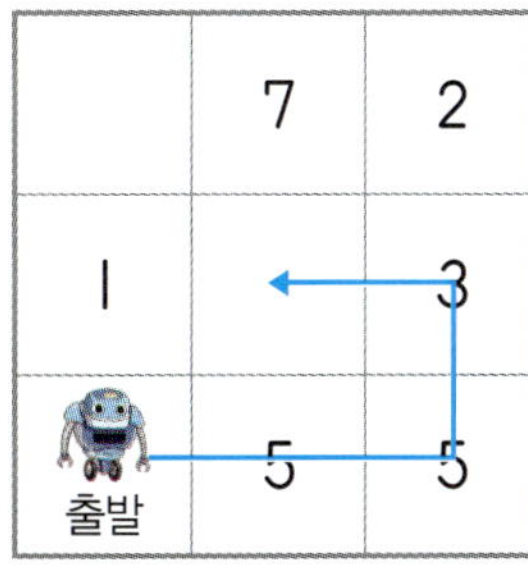

$$5+5+3=13$$

답 13

코딩 **8**

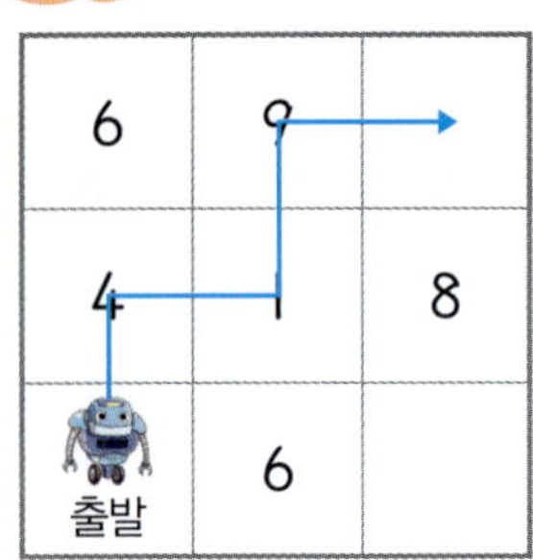

$$4+1+9=14$$

답 14

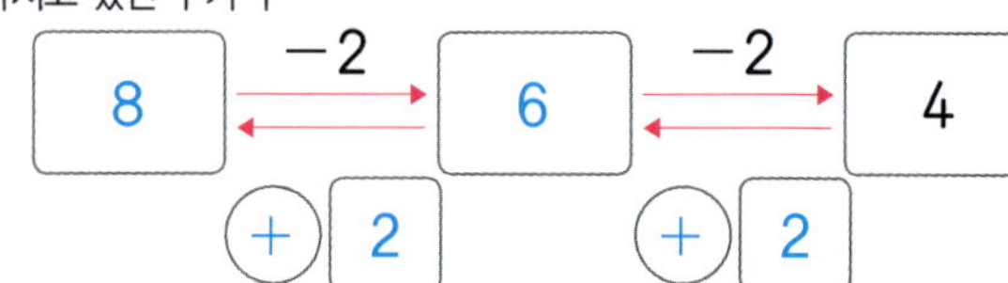

52쪽

1 ❶ $10>5>3$
→ 가장 큰 수: 10, 가장 작은 수: 3
❷ 가장 큰 수와 가장 작은 수의 차: $10-3=7$
답 7

2 ❶ ㉠ $2+3+1=6$ ㉡ $7-1-1=5$
❷ $6>5$이므로 계산 결과가 더 큰 것은 ㉠이다.

참고 세 수의 덧셈, 뺄셈은 앞의 두 수를 계산한 다음 나머지 한 수를 계산한다.

답 ㉠

3 ❶ '모두 몇 개'인지 구해야 하므로 세 수의 덧셈식을 만든다.
❷ (상자에 들어 있는 구슬 수)$=7+3+3=13$(개)
답 13개

53쪽

4 ❶ (튤립의 수)$=6-2=4$(송이)
❷ (장미와 튤립의 수)$=6+4=10$(송이)
답 10송이

5 ❶ $5+$㉠$=10$에서 $5+5=10$이므로 ㉠은 5이다.
❷ $5+5+7=17$
❸ ㉡은 17이다.
답 5, 17

6 ❶ 처음에 있던 오리 수만큼 ◯를 그리고, 4개가 남을 때까지 /으로 지우기

예 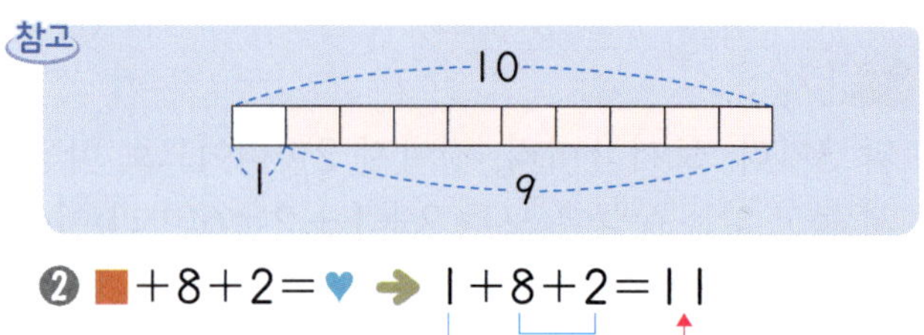

❷ 연못 밖으로 나간 오리 수: 6마리   답 6마리

54쪽

7 ❶ (진영이가 먹고 남은 귤 수)
$=8-3=5$(개)
❷ (미정이가 먹고 남은 귤 수)
$=10-7=3$(개)
❸ (두 사람이 먹고 남은 귤 수)$=5+3=8$(개)
답 8개

8 ❶

현아가 처음에 가지고 있던 쿠키 수

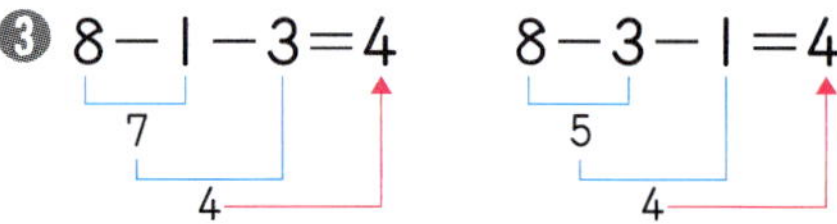

참고 처음 수를 구하려면 계산 방법과 순서를 거꾸로 하여 계산해야 한다.

❷ 현아가 처음에 가지고 있던 쿠키 수: 8개
답 8개

55쪽

9 ❶ $10-1=9$이므로 ■$=1$이다.

참고 (막대 그림)

❷ ■$+8+2=$♥ → $1+8+2=11$
답 11

10 ❶ 수의 크기 비교하기: $1<3<4<8$
❷ 계산 결과가 가장 큰 식 만들기:
$8-1-3$ (또는 $8-3-1$)
❸ $8-1-3=4$ $8-3-1=4$
답 4

20

3 모양과 시각

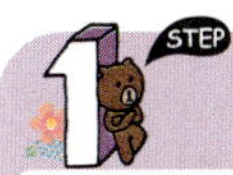

FUN한 이야기 56~57쪽

8, 30 / 8 / 민희

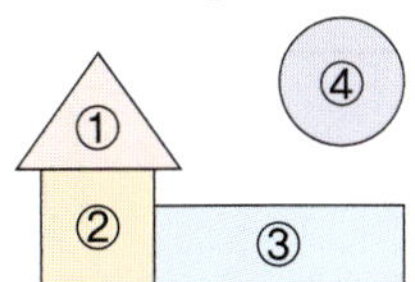
STEP 1 문제 해결력 기르기 58~63쪽

58쪽

선행 문제 1

(1) ☐에 ○표 (2) ● 에 ○표

실행 문제 1

❶ ☐에 ○표

❷ 나

답 나

쌍둥이 문제 1-1

❶ 둥근 부분이 있는 모양: ● 모양

❷ 민호가 찾고 있는 물건: 다

답 다

59쪽

선행 문제 2

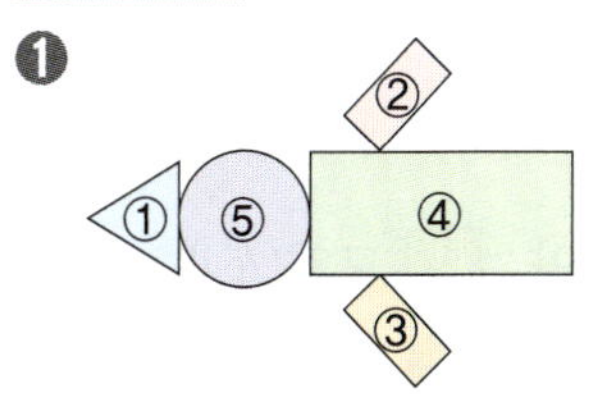

실행 문제 2

❶

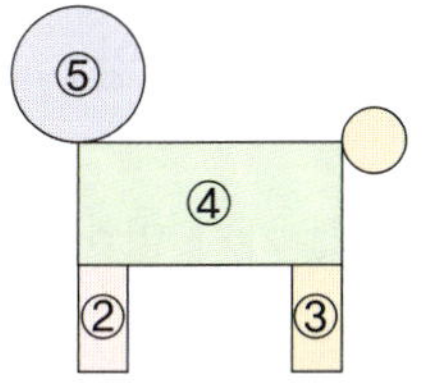

❷ 가

답 가

60쪽

선행 문제 3

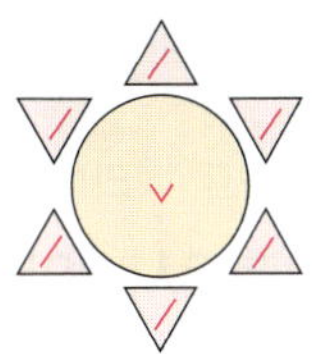

(1) 6개 (2) 1개

실행 문제 3

❶ 4, 1, 6

참고

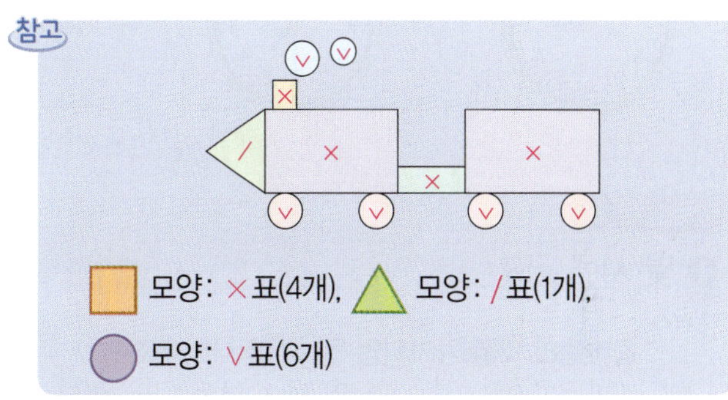

☐ 모양: ×표(4개), △ 모양: /표(1개),

● 모양: ∨표(6개)

❷ ● 에 ○표

답 ● 모양

61쪽

실행 문제 4

❶ 11, 30

❷ 전략 긴바늘이 12를 가리키므로 '몇 시'로 나타내자.

12

❸ 영탁

참고 11시 30분이 12시보다 더 빠른 시각이다.

답 영탁

쌍둥이 문제 4-1

❶ 효주가 학원에 간 시각: 4시

❷ 우석이가 학원에 간 시각: 4시 30분

❸ 학원에 더 일찍 간 사람: 효주

참고 4시가 4시 30분보다 더 빠른 시각이다.

답 효주

62쪽

선행 문제 5

(1) 6, 6 (2) 4, 12

실행 문제 5

❶ 전략 시계의 짧은바늘과 긴바늘이 각각 가리키는 곳을 알아보자.

3, 4, 6

❷ 전략 긴바늘이 6을 가리키므로 '몇 시 30분'으로 나타내자.

3, 30   답 3시 30분

63쪽

선행 문제 6

(1) 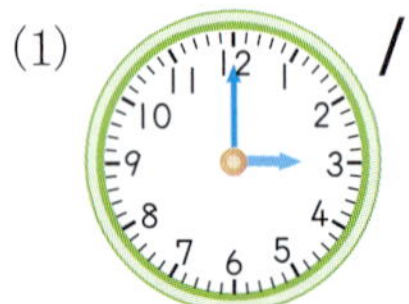 / 3   (2)  / 4, 30

실행 문제 6

❶ 몇 시에 ○표

참고

긴바늘이 12를 가리키면 '몇 시'를 나타내고
긴바늘이 6을 가리키면 '몇 시 30분'을 나타낸다.

❷ 12   ❸ 12   답 12시

2 STEP 수학 사고력 키우기   64~69쪽

64쪽

대표 문제 1

구 3

해 ❶ 곧은 선이 3군데인 모양은 △ 모양이다.

답 △에 ○표

❷ △ 모양의 물건은 가, 나이다.   답 가, 나

쌍둥이 문제 1-1

구 뾰족한 곳이 한 군데도 없는 물건

어 ❶ 다영이가 설명하는 모양은 어떤 모양인지 알아보고

❷ 위 ❶에서 설명하는 모양의 물건을 모두 찾자.

❶ 다영이가 설명하는 모양: ◯ 모양

❷ 위 ❶에서 답한 모양의 물건: 나, 라, 마

답 나, 라, 마

65쪽

대표 문제 2

해 ❶ 답

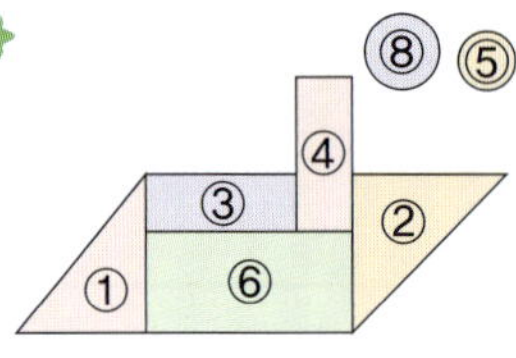

❷ 답 ⑦

❸ ⑦번 조각은 뾰족한 곳이 4군데이므로 ☐ 모양이다.

답 ☐에 ○표

쌍둥이 문제 2-1

어 ❶ 만든 모양에 [보기]의 모양 조각과 같은 조각을 찾아 번호를 쓰고,

❷ 남은 모양 조각을 찾아 어떤 모양인지 구하자.

❶ 만든 모양에 [보기]의 모양 조각과 같은 조각을 찾아 번호 쓰기

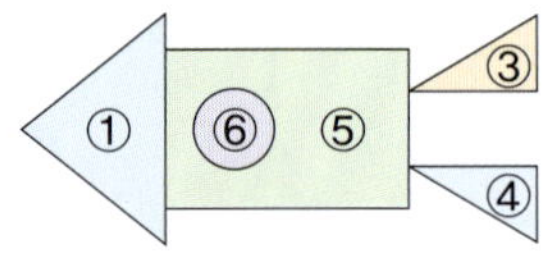

❷ 이용하고 남은 조각: ②

❸ ②번 조각의 모양: △ 모양

답 △ 모양

66쪽

대표 문제 3

해 ❶

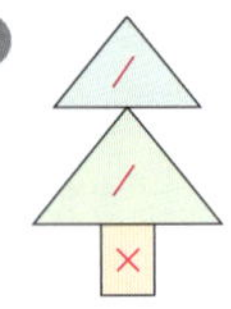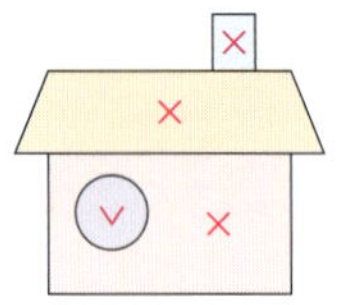

☐ 모양: ×표(4개),   △ 모양: /표(2개),

◯ 모양: ∨표(1개)

답 4, 2, 1

❷ 가장 많이 이용한 모양: ☐ 모양(4개),

가장 적게 이용한 모양: ◯ 모양(1개)

➡ 4-1=3(개)

답 3개

쌍둥이 문제 3-1

❶ ▢ 모양: 1개, △ 모양: 4개, ⬤ 모양: 6개

참고

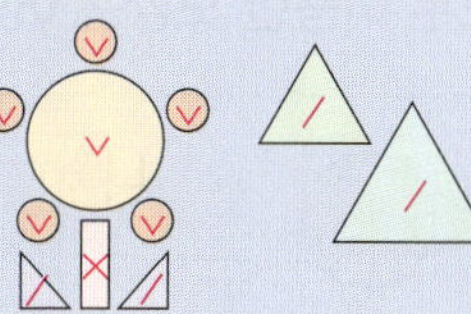

▢ 모양: ×표(1개), △ 모양: /표(4개),

⬤ 모양: ∨표(6개)

❷ 가장 많이 이용한 모양: ⬤ 모양(6개),

가장 적게 이용한 모양: ▢ 모양(1개)

➜ 6+1=7(개)　　답 7개

67쪽

대표 문제 4

해 ❶ 짧은바늘이 9, 긴바늘이 12를 가리키므로
9시이다.　　답 9시

❷ 짧은바늘이 8과 9의 가운데, 긴바늘이 6을
가리키므로 8시 30분이다.　　답 8시 30분

❸ 8시 30분이 9시보다 더 빠른 시각이므로 학
교에 더 일찍 도착한 사람은 수현이다.

답 수현

쌍둥이 문제 4-1

구 미진이와 준수 중 숙제를 더 일찍 끝낸 사람

어 ❶ 미진이가 숙제를 끝낸 시각을 구하고

❷ 준수가 숙제를 끝낸 시각을 구한 다음,

❸ ❶과 ❷에서 구한 시각을 비교하여 숙제를 더
일찍 끝낸 사람을 구하자.

❶ 미진이가 숙제를 끝낸 시각: 6시

참고
짧은바늘이 6, 긴바늘이 12를 가리키므로 6시이다.

❷ 준수가 숙제를 끝낸 시각: 5시 30분

참고
짧은바늘이 5와 6의 가운데, 긴바늘이 6을 가리키므로
5시 30분이다.

❸ 전략 몇 시를 나타내는 숫자부터 비교하자.
숙제를 더 빨리 끝낸 사람: 준수

참고
5시 30분이 6시보다 더 빠른 시각이다.

답 준수

68쪽

대표 문제 5

해 ❶ 답 6, 12

❷ 짧은바늘이 6을 가리키고 긴바늘이 12를 가
리키므로 6시이다.　　답 6시

쌍둥이 문제 5-1

구 주호가 본 시각

어 ❶ 짧은바늘과 긴바늘이 각각 가리키는 곳을 알
아보고

❷ 주호가 본 시각은 '몇 시 30분'인지 구하자.

❶ 짧은바늘이 1과 2의 가운데, 긴바늘이 6을 가리
킨다.

❷ 전략 긴바늘이 6을 가리키므로 '몇 시 30분'으로 나타내자.
주호가 본 시각: 1시 30분

답 1시 30분

69쪽

대표 문제 6

해 ❶ 답 몇 시에 ○표

❷ 답 2시, 3시

❸ 2시보다 늦은 시각은 2시를 지난 시각이므로
3시이다.　　답 3시

쌍둥이 문제 6-1

구 설명하는 시각

어 ❶ 긴바늘이 가리키는 숫자를 보고 '몇 시' 또는
'몇 시 30분'인지 알아보고

❷ 6시와 9시 사이에 긴바늘이 12를 가리키는
시각을 모두 구한 다음,

❸ ❷에서 구한 시각 중 8시보다 빠른 시각을 구
하자.

❶ 긴바늘이 12를 가리키므로 '몇 시'이다.

❷ 전략 6시보다 늦고 9시보다 빠른 시각 중 '몇 시'를 찾자.
6시와 9시 사이에 긴바늘이 12를 가리키는 시각:
7시, 8시

❸ 위 ❷에서 구한 시각 중 8시보다 빠른 시각: 7시

참고
8시보다 빠른 시각은 8시가 되기 전의 시각이므로
7시이다.

답 7시

3 STEP 수학 독해력 완성하기 70~73쪽

70쪽

독해 문제 1

구 본뜬 모양의 부분을 보고 완성된 모양과 같은 모양의 물건 찾기

어 1 완성된 모양은 어떤 모양인지 구하고,
2 위 **1**에서 구한 모양의 물건을 찾자.

해 ❶ 뾰족한 곳이 없고, 선이 곧지 않고 둥근 부분이 있으므로 ◯ 모양의 부분을 나타낸 그림이다.
답 ◯에 ◯표

❷ ◯ 모양의 물건을 찾으면 ㉢이다.
답 ㉢

독해 문제 1-1 　　　정답에서 제공하는 **쌍둥이 문제**

오른쪽은 어떤 물건을 본뜬 모양의 부분입니다. /
완성된 모양과 같은 모양의 물건을 찾아 기호를 쓰세요.

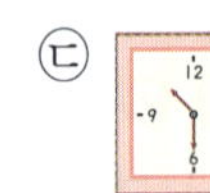
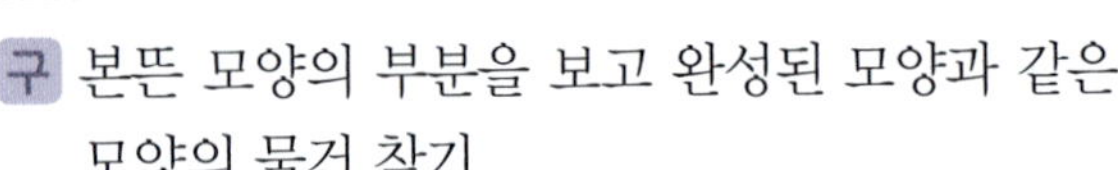

구 본뜬 모양의 부분을 보고 완성된 모양과 같은 모양의 물건 찾기

어 1 완성된 모양은 어떤 모양인지 구하고,
2 위 **1**에서 구한 모양의 물건을 찾자.

해 ❶ 본뜬 모양을 완성한 모양: △ 모양

❷ 위 **❶**에서 구한 모양의 물건: ㉡
답 ㉡

독해 문제 2

해 ❶ 가를 꾸미는 데 이용한 모양은 ▨ 모양, △ 모양이다.
답 ▨, △에 ◯표

❷ 나를 꾸미는 데 이용한 모양은 △ 모양, ◯ 모양이다.
답 △, ◯에 ◯표

❸ 가와 나에 모두 이용한 모양은 △ 모양이다.
답 △ 모양

독해 문제 2-1 　　　정답에서 제공하는 **쌍둥이 문제**

, 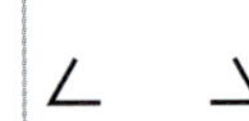 모양 중 /
가와 나에 모두 이용한 모양은 어떤 모양인가요?

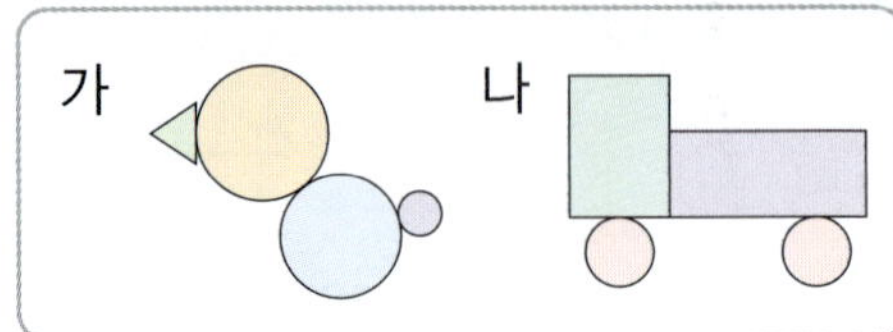

해 ❶ 가를 꾸미는 데 이용한 모양:
△ 모양, ◯ 모양

❷ 나를 꾸미는 데 이용한 모양:
▨ 모양, ◯ 모양

❸ 가와 나에 모두 이용한 모양: ◯ 모양
답 ◯ 모양

71쪽

독해 문제 3

해 ❶ 답 7시 / 5시 30분 / 6시
❷ 답 ㉡, ㉢, ㉠

독해 문제 3-1 　　　정답에서 제공하는 **쌍둥이 문제**

지혜가 학교를 다녀온 후에 한 일입니다. /
먼저 한 일부터 순서대로 기호를 쓰세요.

구 먼저 한 일부터 순서대로 기호 쓰기

주 일을 한 시각을 나타낸 시계

어 1 ㉠, ㉡, ㉢의 시각을 각각 구하고,
2 먼저 한 일이 빠른 시각이므로 위 **1**에서 구한 시각을 빠른 시각부터 순서대로 기호를 쓰자.

해 ❶ ㉠의 시각: 8시
㉡의 시각: 6시 30분
㉢의 시각: 5시

❷ 먼저 한 일부터 순서대로 기호를 쓰면 ㉢, ㉡, ㉠이다.
답 ㉢, ㉡, ㉠

독해 문제 4

해

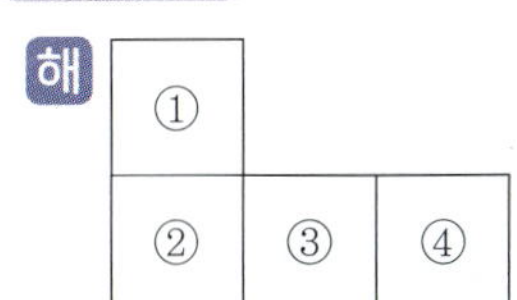

❶ 1개짜리: ①, ②, ③, ④ ➡ 4개
2개짜리: ①+②, ②+③, ③+④ ➡ 3개
3개짜리: ②+③+④ ➡ 1개

답 4개, 3개, 1개

❷ 4+3+1=8(개)　　**답** 8개

독해 문제 4-1　　정답에서 제공하는 **쌍둥이 문제**

오른쪽 그림에서 찾을 수 있는 / 크고 작은 ■ 모양은 모두 몇 개인가요?

해

❶ ☐ 1개짜리인 ■ 모양:
①, ②, ③ ➡ 3개

☐ 2개짜리인 ■ 모양:
①+②, ②+③ ➡ 2개

❷ 크고 작은 ■ 모양: 3+2=5(개)

답 5개

72쪽

독해 문제 5

해 ❶

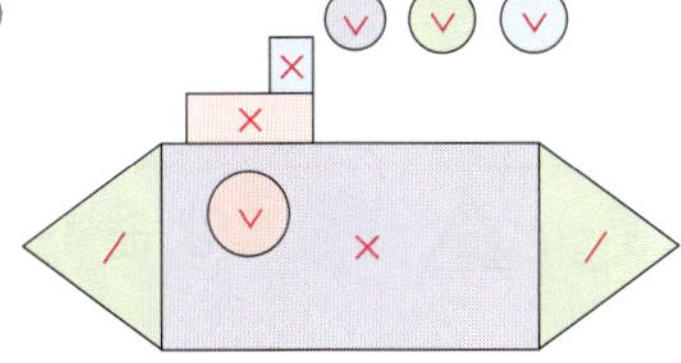

■ 모양: ×표(3개), ▲ 모양: /표(2개)
● 모양: ∨표(4개)　　**답** 3, 2, 4

❷ ■ 모양을 3개 이용하고 2개가 남았으므로 처음에 가지고 있던 ■ 모양은 3+2=5(개)이다.
처음에 가지고 있던 ■, ▲, ● 모양의 개수는 모두 같으므로 ▲ 모양 5개, ● 모양 5개이다.

답 5, 5, 5

---

❸ ▲ 모양: 5−2=3(개),
● 모양: 5−4=1(개)

답 3개, 1개

독해 문제 5-1　　정답에서 제공하는 **쌍둥이 문제**

하린이가 가지고 있던 ■, ▲, ● 모양의 개수는 같았습니다. / 하린이가 가지고 있던 모양으로 / 아래의 모양을 꾸미고 남은 ▲ 모양은 4개입니다. / 남은 ■ 모양과 ● 모양은 각각 몇 개인가요?

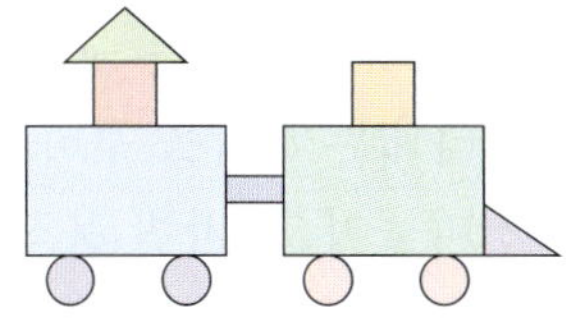

해 ❶ 모양을 꾸미는 데 이용한 각 모양의 개수

■ 모양	▲ 모양	● 모양
5개	2개	4개

❷ 처음에 가지고 있던 각 모양의 개수

■ 모양	▲ 모양	● 모양
6개	6개	6개

❸ 남은 ■ 모양: 6−5=1(개)
남은 ● 모양: 6−4=2(개)

답 ■ 모양: 1개, ● 모양: 2개

73쪽

독해 문제 6

주 10

해 ❶ 짧은바늘이 10, 긴바늘이 12를 가리키므로 10시이다.　　**답** 10시

❷ 긴바늘이 한 바퀴 움직이면 짧은바늘은 11을 가리킨다.　　**답** 11, 12

❸ 짧은바늘이 11, 긴바늘이 12를 가리키므로 11시이다.

답 11시

주의 긴바늘이 한 바퀴 움직이면 긴바늘은 12를 가리킨다.

독해 문제 | 6-1   정답에서 제공하는 **쌍둥이 문제**

다음 시계의 긴바늘이 한 바퀴 움직였을 때의 시각을 구하세요.

구 시계의 긴바늘이 한 바퀴 움직였을 때의 시각

주 • 시계의 짧은바늘이 가리키는 숫자: 7
    • 시계의 긴바늘이 가리키는 숫자: 12

어 1 시계가 나타내는 시각을 구하고
   2 시계의 긴바늘이 한 바퀴 움직이면 짧은바늘이 숫자 한 칸을 움직임을 이용하여 짧은바늘이 가리키는 숫자를 구한 다음,
   3 위 2 에서 나타낸 시각을 구하자.

해 ❶ 시계가 나타내는 시각: 7시
   ❷ 시계의 긴바늘이 한 바퀴 움직였을 때
     짧은바늘이 가리키는 숫자: 8
     긴바늘이 가리키는 숫자: 12
   ❸ 시계의 긴바늘이 한 바퀴 움직였을 때의 시각: 8시   **답** 8시

정답과 풀이

---

4 STEP 창의 융합 코딩 체험하기   74~77쪽

74쪽

융합 1

(1) 뾰족한 곳이 4군데인 모양을 찾는다.   **답** ㉡
(2) 뾰족한 곳이 3군데인 모양을 모두 찾는다.
                       답 ㉠, ㉣, ㉥

융합 2

짧은바늘이 9, 긴바늘이 12를 가리키도록 그린다.

답

75쪽

융합 3

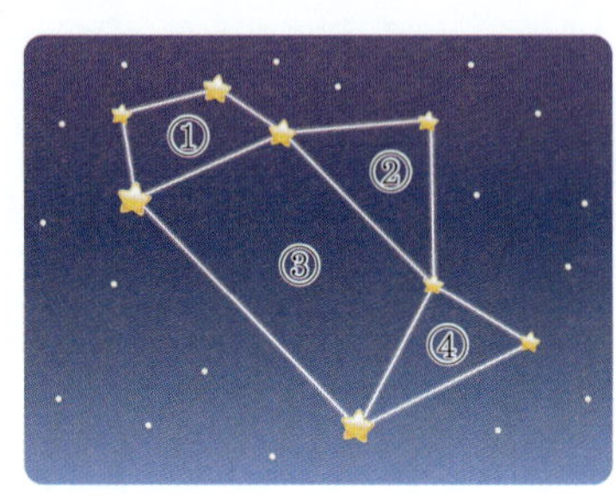

궁수자리에서 찾을 수 있는 ▢ 모양은 ①, ③으로 모두 2개이다.

            답 2개

창의 4

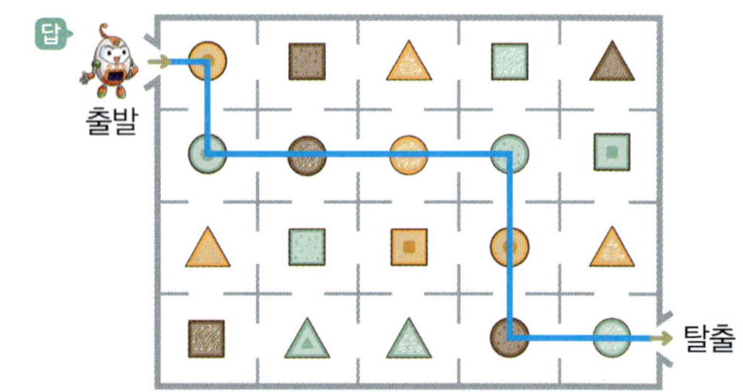

76쪽

창의 5

맨 아래부터 ●, ▢, △, ▢ 모양 순서대로 놓여 있다.

           답 ●에 ○표

창의 6

맨 아래부터 ▢, ●, △, ● 모양 순서대로 놓여 있다.

           답 ▢에 ○표

창의 7

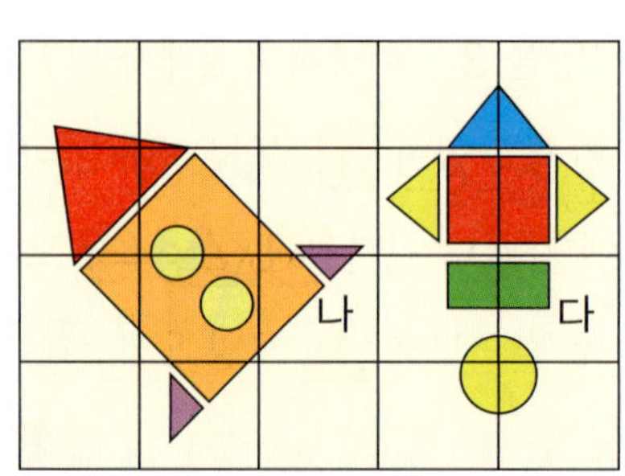

           답 나, 다

77쪽

융합 8

그림자가 3을 가리키므로 3시를 나타낸다.

답 3시

코딩 9

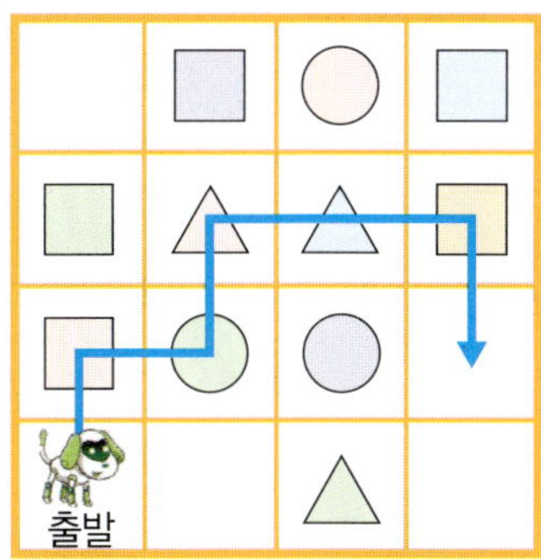

답 2개, 2개, 1개

실전 마무리 하기 78~81쪽

78쪽

1 ❶ 뾰족한 곳이 3군데인 모양: △ 모양

❷ 정우가 찾고 있는 물건: ㉠　　**답** ㉠

2 ❶ 본뜬 모양: ▢ 모양

❷ ▢ 모양의 물건: ㉡　　**답** ㉡

3 11시 30분은 짧은바늘이 11과 12의 가운데, 긴
바늘이 6을 가리키도록 그린다.　**답**

79쪽

4 ❶ 가를 꾸미는 데 이용한 모양: ▢ 모양, △ 모양

❷ 나를 꾸미는 데 이용한 모양: △ 모양, ● 모양

❸ 가와 나에 모두 이용한 모양: △ 모양

답 △ 모양

5 ❶ 준호가 집에 도착한 시각: 1시 30분

❷ 태현이가 집에 도착한 시각: 1시

❸ 집에 더 일찍 도착한 사람: 태현

답 태현

6 ❶ 짧은바늘이 7과 8의 가운데, 긴바늘이 6을 가리
킨다.

❷ 시계가 나타내는 시각: 7시 30분

답 7시 30분

80쪽

7 ❶ ▢ 모양: 9개, △ 모양: 4개, ● 모양: 3개

❷ 9-3=6(개)

답 6개

8 ❶ 긴바늘이 6을 가리키므로 '몇 시 30분'이다.

❷ 9시와 11시 사이에 긴바늘이 6을 가리키는 시
각: 9시 30분, 10시 30분

❸ 10시보다 빠른 시각: 9시 30분

답 9시 30분

81쪽

9

①	②
③	④

❶ ▢ 1개짜리인 ▢ 모양:
①, ②, ③, ④ → 4개

▢ 2개짜리인 ▢ 모양:
①+②, ③+④, ①+③, ②+④ → 4개

▢ 4개짜리인 ▢ 모양:
①+②+③+④ → 1개

❷ 크고 작은 ▢ 모양: 4+4+1=9(개)

답 9개

10 ❶ 시계가 나타내는 시각: 4시 30분

❷ 시계의 긴바늘이 한 바퀴 움직였을 때
짧은바늘이 가리키는 곳: 5와 6의 가운데
긴바늘이 가리키는 숫자: 6

❸ 시계의 긴바늘이 한 바퀴 움직였을 때의 시각:
5시 30분

답 5시 30분

4 덧셈과 뺄셈(2)

3, 3, 12 / 12

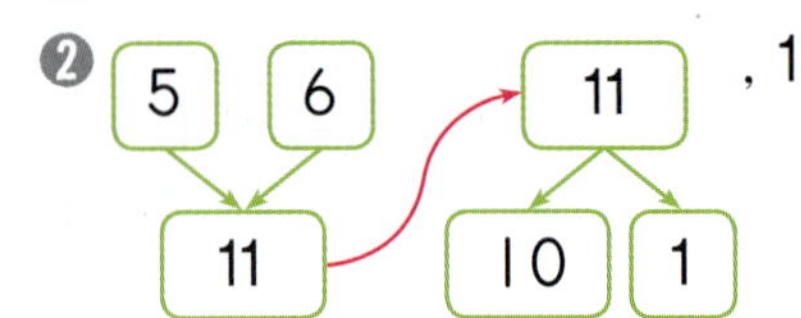

1 STEP 문제 해결력 기르기   84~87쪽

84쪽

선행 문제 1

(1) +
(2) −

실행 문제 1

❶ +에 ◯표
❷ +, 13

답 13자루

쌍둥이 문제 1-1

❶ [전략] 구하려는 것은 은주가 먹은 방울토마토 수이다.
은주는 성혜보다 5개 더 적게 먹었으므로 −를 이용하여 식을 세운다.
❷ [전략] ❶에서 답한 기호를 이용하여 식을 세워 보자.
(은주가 먹은 방울토마토 수)
＝14−5＝9(개)

답 9개

85쪽

선행 문제 2

(1)
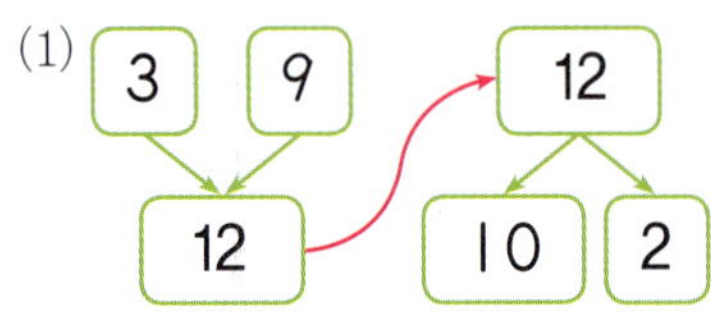

(2)
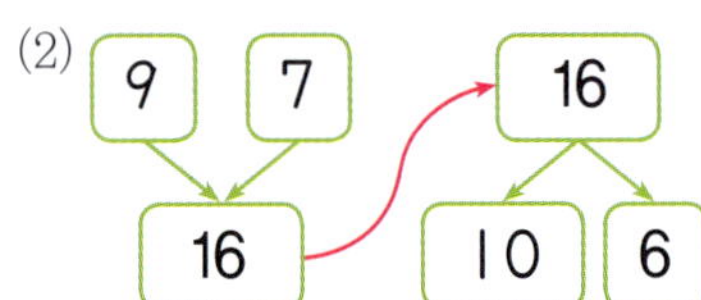

실행 문제 2

❶ 10
❷

5 6 → 11 , 1
11 |0 1

답 1개

다르게 풀기

❶ 10
❷ 6, 11
❸ 11, 1

답 1개

86쪽

선행 문제 3

(1) **가르기**에 ◯표
(2) **모으기**에 ◯표

실행 문제 3-1

❶ 8
|5는 7과 8로 가를 수 있다.
❷ 8

답 8

실행 문제 3-2

❶ 12
3과 9를 모으면 |2이다.
❷ 12

답 12

87쪽

선행 문제 4

8, 8

실행 문제 4

❶ 9
❷ 7
❸ 9, 7, 16

답 16

2 STEP 수학 사고력 키우기   88~91쪽

88쪽

대표 문제 1

주 • 4 • 12

해 ❶ $7+4=11$(장)

답 11장

❷ $11<12$

➡ 도화지를 더 많이 가지고 있는 사람은 혜성이다.

답 혜성

쌍둥이 문제 1-1

구 구슬을 더 적게 가지고 있는 사람

주 • 성결이가 처음에 가지고 있던 구슬 수: 18개
• 성결이가 동생에게 준 구슬 수: 9개
• 아라가 가지고 있는 구슬 수: 8개

어 ❶ 성결이가 동생에게 준 후 가지고 있는 구슬 수를 구하고

❷ ❶에서 구한 구슬 수와 아라가 가지고 있는 구슬 수를 비교하여 더 적게 가지고 있는 사람을 구하자.

❶ 전략 (처음에 가지고 있던 구슬 수)
−(동생에게 준 구슬 수)

(성결이가 동생에게 준 후 가지고 있는 구슬 수)
$=18-9=9$(개)

❷ 전략 성결이와 아라가 가지고 있는 구슬 수를 비교하자.
$9>8$

➡ 구슬을 더 적게 가지고 있는 사람은 아라이다.

답 아라

89쪽

대표 문제 2

주 • 8 • 10

해 ❶ 답

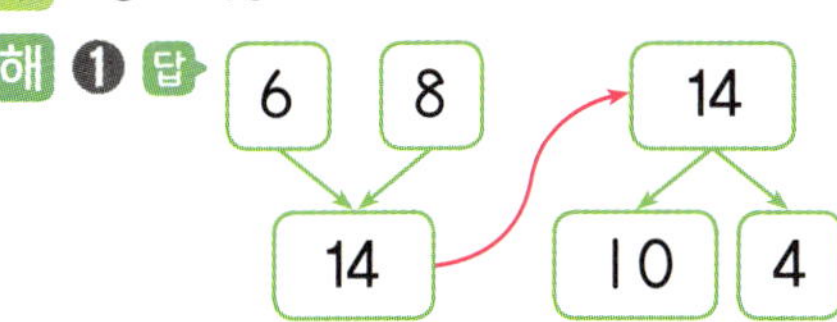

❷ 14는 10과 4로 가르기 할 수 있으므로 남는 쿠키는 4개이다.

답 4개

쌍둥이 문제 2-1

구 한 상자에 색종이를 색깔에 상관없이 10장 담으면 남는 색종이 수

주 • 초록색 색종이 수: 8장
• 보라색 색종이 수: 4장
• 한 상자에 담는 색종이 수: 10장

❶ 전략 한 상자에 담는 색종이 수를 이용하여 색종이 수를 모으기와 가르기 하자.

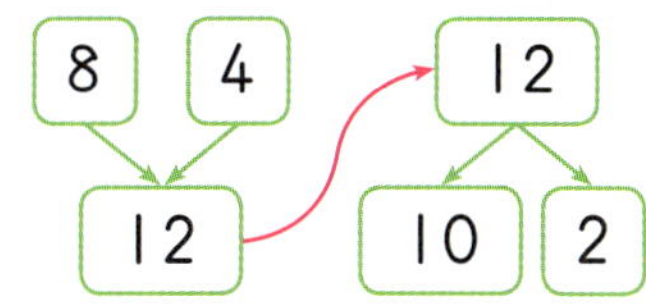

❷ 남는 색종이 수: 2장

답 2장

참고 8과 4를 모으기 하면 12이고 12는 10과 2로 가르기 할 수 있으므로 남는 색종이는 2장이다.

90쪽

대표 문제 3

구 ㉠

해 ❶ $7+5=12$
　　3 2

답 12

❷ $12=6+㉠$에서 $㉠=6$이다.
　6 6

답 6

쌍둥이 문제 3-1

구 ㉡에 알맞은 수

어 ❶ 계산할 수 있는 $8+3$을 먼저 계산하여 식을 간단히 만든 다음,

❷ ❶에서 계산한 수를 가르기 하여 ㉡에 알맞은 수를 구하자.

❶ 전략 계산할 수 있는 덧셈식을 먼저 계산하자.
$8+3=11$
　　2 1

식을 간단히 하면 $㉡+4=11$이다.

❷ 전략 11을 4와 몇으로 가르기 하자.
$㉡+4=11$ ➡ $㉡=7$
　4 7

답 7

91쪽

대표 문제 4

해 ❶ 답 **작은**에 ◯표

❷ 13>11>9>8

➜ 차가 가장 클 때의 차 : 13−8=5

식 13−8 답 5

쌍둥이 문제 4-1

구 차가 가장 클 때의 차

❶ 차가 가장 크게 되려면 가장 큰 수에서 가장 작은 수를 빼야 한다.

❷ 전략 가장 큰 수와 가장 작은 수를 찾아 뺄셈식을 쓰자.

15>12>7>6

➜ 차가 가장 클 때의 차 : 15−6=9

답 9

3 STEP 수학 독해력 완성하기 92~95쪽

92쪽

독해 문제 1

구 지아가 붙인 붙임딱지 수

어 ❶ 더 붙인 붙임딱지만큼 빈칸에 ◯를 그리며 수를 세자.

❷ 지아가 붙인 붙임딱지를 모두 구하자.

해 ❶

답 7개

❷ 9+7=16(개)

답 16개

독해 문제 1-1 정답에서 제공하는 **쌍둥이 문제**

수호가 붙임딱지를 7개 붙인 다음/
몇 개를 더 붙여 빈칸을 모두 채웠습니다./
수호가 붙인 붙임딱지는 모두 몇 개인지 구하세요.

구 수호가 붙인 붙임딱지 수

어 ❶ 더 붙인 붙임딱지만큼 빈칸에 ◯를 그리며 수를 세자.

❷ 수호가 붙인 붙임딱지를 모두 구하자.

해 ❶

빈칸에 ◯를 그리며 수를 세면 7개이다.

❷ (수호가 붙인 붙임딱지 수)=7+7=14(개)

답 14개

독해 문제 2

구 지금 있는 자두 수

주 • 처음에 있던 자두 수 : 11개

• 먹은 자두 수 : 2개

• 더 사 온 자두 수 : 6개

어 (지금 있는 자두 수)

＝(처음에 있던 자두 수)−(먹은 자두 수)

＋(더 사 온 자두 수)

해 ❶ (2개를 먹은 후 남은 자두 수)=11−2=9(개)

답 9개

❷ (지금 있는 자두 수)=9+6=15(개)

답 15개

독해 문제 2-1 정답에서 제공하는 **쌍둥이 문제**

토마토 13개 중에서 5개를 먹었습니다./
어머니께서 7개를 더 사 오셨을 때/
지금 있는 토마토는 몇 개인지 구하세요.

구 지금 있는 토마토 수

주 • 처음에 있던 토마토 수 : 13개

• 먹은 토마토 수 : 5개

• 더 사 온 토마토 수 : 7개

어 (지금 있는 토마토 수)

＝(처음에 있던 토마토 수)−(먹은 토마토 수)

＋(더 사 온 토마토 수)

해 ❶ (5개를 먹은 후 남은 토마토 수)

＝13−5=8(개)

❷ (지금 있는 토마토 수)=8+7=15(개)

답 15개

93쪽

독해 문제 | 3

주 • 7 • 5

해 ❶ (진호가 어제와 오늘 읽은 동화책 쪽수)
　　 $=8+7=15$(쪽)　　답 15쪽

　 ❷ (수라가 어제와 오늘 읽은 동화책 쪽수)
　　 $=5+9=14$(쪽)　　답 14쪽

　 ❸ $15>14$이므로 어제와 오늘 동화책을 더 많이 읽은 사람은 진호이다.　　답 진호

독해 문제 | 3-1　　정답에서 제공하는 **쌍둥이 문제**

동욱이는 위인전을 어제는 5쪽 읽고,/ 오늘은 8쪽 읽었습니다./
은서는 위인전을 어제는 7쪽 읽고,/ 오늘은 4쪽 읽었습니다./
동욱이와 은서 중/ 어제와 오늘 위인전을 더 많이 읽은 사람은 누구인가요?

구 동욱이와 은서 중 어제와 오늘 위인전을 더 많이 읽은 사람

주 • 동욱이가 읽은 위인전의 쪽수 :
　　어제 5쪽, 오늘 8쪽
　• 은서가 읽은 위인전의 쪽수 :
　　어제 7쪽, 오늘 4쪽

어 ❶ 덧셈을 이용하여 동욱이가 어제와 오늘 읽은 위인전의 쪽수를 구하고,
　 ❷ 덧셈을 이용하여 은서가 어제와 오늘 읽은 위인전의 쪽수를 구한 다음,
　 ❸ ❶과 ❷에서 구한 쪽수를 비교하여 동욱이와 은서 중 어제와 오늘 위인전을 더 많이 읽은 사람을 구하자.

해 ❶ (동욱이가 어제와 오늘 읽은 위인전 쪽수)
　　 $=5+8=13$(쪽)

　 ❷ (은서가 어제와 오늘 읽은 위인전 쪽수)
　　 $=7+4=11$(쪽)

　 ❸ $13>11$이므로 어제와 오늘 위인전을 더 많이 읽은 사람은 동욱이다.
　　　　　　　　　　　　답 동욱

94쪽

독해 문제 | 4

해 ❶ $7+4=11$
　　　　　　　　　　　　답 11

　 ❷ 답 11

　 ❸ 답 9, 14 / 8, 13 / 6, 11

　 ❹ 11보다 큰 수는 13, 14이므로 두 번째로 꺼내야 하는 공에 적힌 수는 8, 9이다.
　　　　　　　　　　　　답 8, 9

독해 문제 | 4-1　　정답에서 제공하는 **쌍둥이 문제**

꺼낸 공에 적힌 두 수의 합이 크면/ 이기는 놀이를 하고 있습니다./
다영이가 이기려면/ 두 번째로 어떤 수의 공을 꺼내야 하는지/ 모두 구하세요.

구 다영이가 이기려면 두 번째로 꺼내야 하는 공의 수

어 유찬 : 3과 8의 합
　 다영 : 6과 두 번째로 꺼내야 하는 공의 수 의 합
　　　　　　　↓
　　　 큰 수부터 꺼내 보자.

해 ❶ (유찬이가 꺼낸 두 공에 적힌 두 수의 합)
　　 $=3+8=11$

　 ❷ 다영이가 이기려면 꺼낸 공에 적힌 두 수의 합이 11보다 커야 한다.

　 ❸ 다영이가 꺼낸 두 공에 적힌 두 수의 합 구하기 : $6+9=15$, $6+7=13$, $6+5=11$

　 ❹ 11보다 큰 수는 13, 15이므로 두 번째로 꺼내야 하는 공에 적힌 수는 7, 9이다.
　　　　　　　　　　　　답 7, 9

95쪽

독해 문제 | 5

해 ❶ 큰 수에서 작은 수를 빼야 한다.

답 **커야**에 ○표

❷ ㉡에는 17보다 작은 9, 8을 놓을 수 있다.

식 $17-9=8$ / $17-8=9$

❸ ㉡에는 9보다 작은 8을 놓을 수 있다.

식 $9-8=1$

❹ 식 $17-9=8$, $17-8=9$

독해 문제 | 5-1　　　정답에서 제공하는 **쌍둥이 문제**

3장의 수 카드 7 , 15 , 8 을 한 번씩만

사용하여/ 뺄셈식을 만들려고 합니다./

만들 수 있는 뺄셈식을 모두 쓰세요.

$$㉠ - ㉡ = ㉢$$

해 ❶ 뺄셈식에서 ㉠은 ㉡보다 커야 한다.

❷ ㉠=15일 때

㉡에는 15보다 작은 8, 7을 놓을 수 있으
므로 뺄셈식을 만들면 $15-8=7$,
$15-7=8$이다.

❸ ㉠=8일 때

㉡에는 8보다 작은 7을 놓을 수 있으므로
뺄셈식을 만들면 $8-7=1$이다.

❹ 주어진 수 카드로 만들 수 있는 뺄셈식 모두
쓰기: $15-8=7$, $15-7=8$

답 $15-8=7$, $15-7=8$

4 STEP 창의·융합·코딩 체험하기　96~99쪽

96쪽

코딩 1

2	5	
9		
	7	8

로봇이 지나간 칸에 쓰여 있는
수: 7, 8

➡ $7+8=15$

답 7, 8, 15

코딩 2

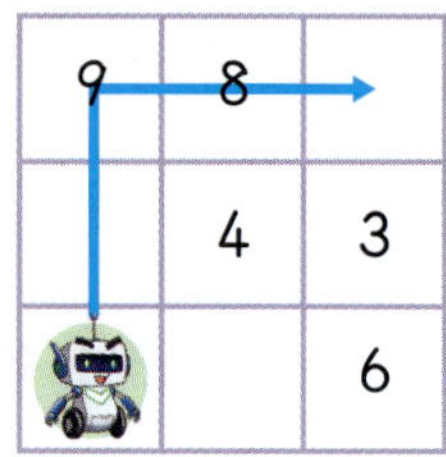

로봇이 지나간 칸에 쓰여 있는
수: 9, 8

➡ $9+8=17$

답 9, 8, 17

97쪽

창의 3

(1) 답 1, 3, 13　(2) 답 2, 3, 12

창의 4

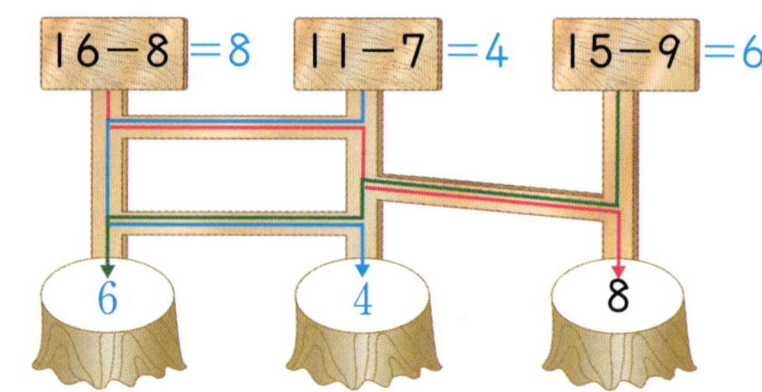

답 6, 4

98쪽

코딩 5

$8+3=11$, $13-7=6$

답 (계산 순서대로) 11, 6

코딩 6

$9-4=5$, $5+9=14$

답 (계산 순서대로) 5, 14

99쪽

창의 7

$13-8=5$, $14-5=9$, $7+4=11$, $9+3=12$,
$8+7=15$, $9+9=18$의 순서대로 점을 잇는다.

답

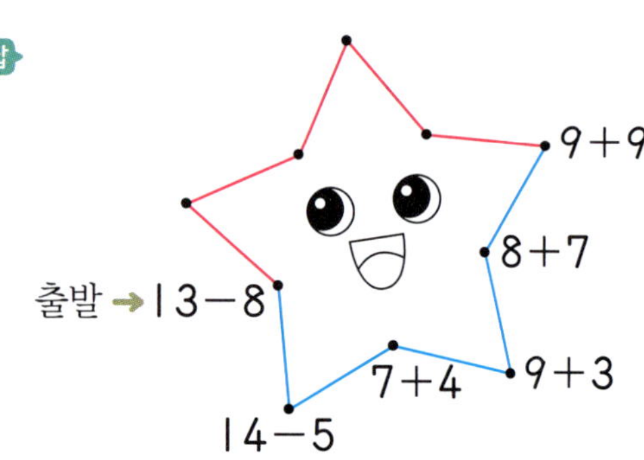

창의 8

$8+9=17$이므로 각각 17이 적힌 칸을 색칠한다.
색칠된 칸이 두 줄이 되는 사람은 서윤이다.

답

2	12	4
15	17	13
9	18	6

하준

9	4	17
6	13	8
12	15	2

서윤

/ 서윤

종합평가 실전 마무리 하기 100~103쪽

100쪽

1 14는 10과 4로 가르기 할 수 있으므로 남는 사탕은 4개이다.

답 4개

2 (흰색 바둑돌의 수)+(검은색 바둑돌의 수)
  $=6+6=12$(개)

답 12개

3 (진호가 가지고 있는 공 수)
  $-$(은진이가 가지고 있는 공 수)
  $=16-7=9$(개)

답 9개

101쪽

4 13보다 5만큼 더 작은 수: $13-5=8$

답 8

5 ❶ (지아가 언니에게 더 받은 후 가지고 있는 연필 수)
  $=8+4=12$(자루)
  ❷ $12<13$이므로 연필을 더 많이 가지고 있는 사람은 유천이다.

답 유천

6 ❶

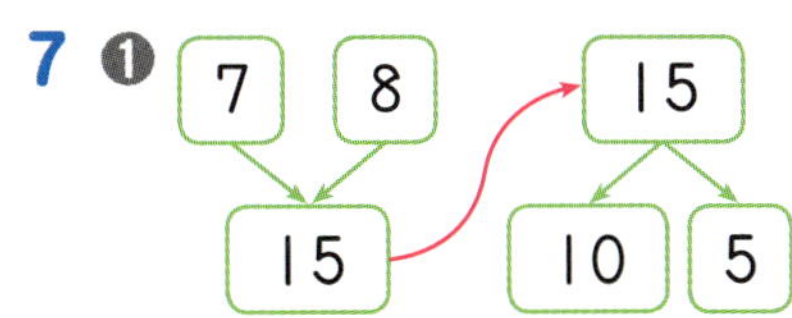

빈칸에 ○를 그리며 수를 세면 7개이다.
  ❷ (수희가 붙인 붙임딱지 수)$=5+7=12$(개)

답 12개

102쪽

7 ❶

7	8		15
15		10	5

  ❷ 15를 10과 5로 가르기 할 수 있으므로 남는 파프리카는 5개이다.

답 5개

8 ❶ $5+6=11$
         $5\ \ 1$
  식을 간단히 하면 $11=9+\bigcirc$이다.
  ❷ $11=9+\bigcirc$ ➡ $\bigcirc=2$
       $9\ 2$

답 2

103쪽

9 ❶ 차가 가장 크게 되려면 가장 큰 수에서 가장 작은 수를 빼야 한다.
  ❷ $14>11>9>6$
  ➡ 차가 가장 클 때의 차: $14-6=8$

답 8

10 ❶ 유찬이가 이기려면 꺼낸 공에 적힌 두 수의 합이 13보다 커야 한다.
  ❷ 유찬이가 꺼낸 두 공에 적힌 두 수의 합 구하기:
    $6+8=14$, $6+7=13$
  ❸ 유찬이가 두 번째로 꺼내야 하는 공에 적힌 수: 8

참고 13보다 큰 수는 14이므로 두 번째로 꺼내야 하는 공에 적힌 수는 8이다.

답 8

다르게 풀기

❶ (은서가 꺼낸 두 공에 적힌 수의 합)
  $-$(유찬이가 첫 번째 꺼낸 공에 적힌 수)
  $=13-6=7$
❷ 유찬이는 7보다 큰 수가 적힌 공을 꺼내야 이기므로 8이 적힌 공을 꺼내야 한다.

5 규칙 찾기

FUN한 기억 노트

문제 해결력 기르기

106쪽

선행 문제 1

(1)  / 포도

(2) 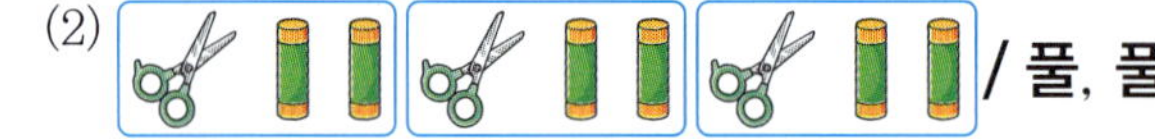 / 풀, 풀

실행 문제 1

❶ 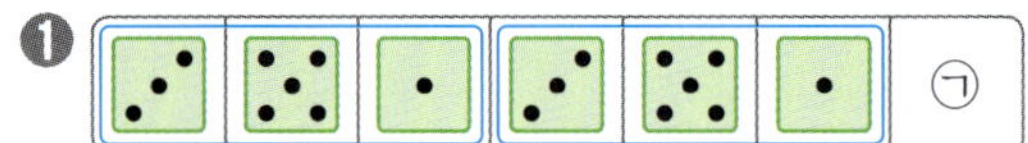

❷ 5, 1   ❸ 3

답 3

107쪽

선행 문제 2

(1) **주황**   (2) **초록, 주황**

실행 문제 2

❶ 노란, 노란

❷ 노란, 노란   ❸ 보라, 노란, 노란

주의 '보라색―노란색―노란색'이 반복되므로 보라색 다음에는 항상 노란색이 와야 하지만 노란색 다음에 오는 색은 노란색인지 보라색인지 규칙에 맞게 구해야 한다.

답 노란색, 노란색

108쪽

선행 문제 3

(1) 8, 7

(2) 6 / 6, 27

실행 문제 3

❶ 2

참고

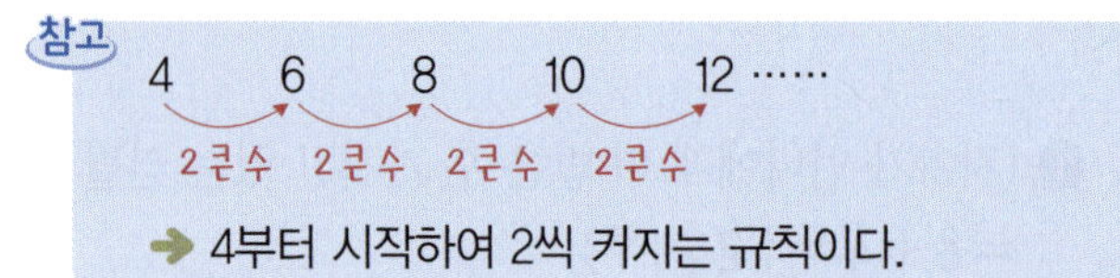

➜ 4부터 시작하여 2씩 커지는 규칙이다.

❷ 전략 (6번째에 놓이는 수)=(5번째에 놓이는 수)+2
(7번째에 놓이는 수)=(6번째에 놓이는 수)+2

2, 14 / 14, 2, 16   답 16

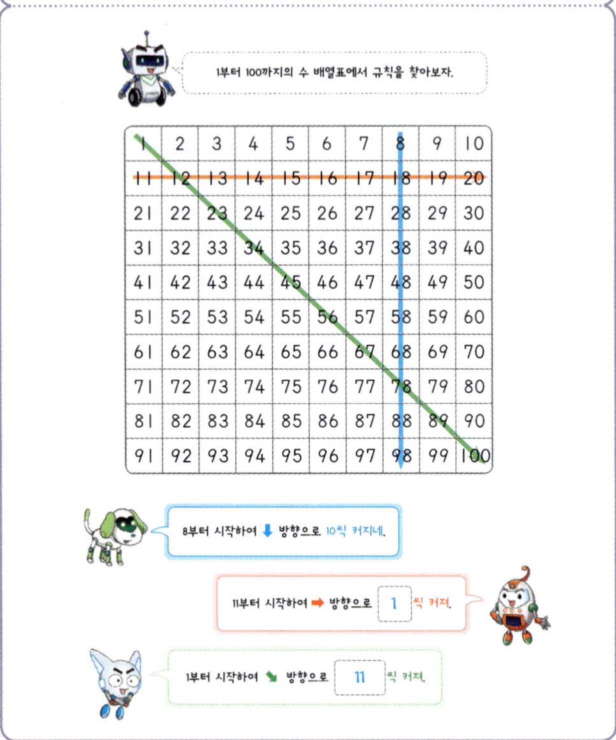

109쪽

선행 문제 4

1, 10

실행 문제 4

❶ 10

❷ 10, 58, 68 / 68

답 68

STEP 2 수학 사고력 키우기 110~113쪽

110쪽

대표 문제 1

해 ❶ 답 2, 5, 0

❷ ㉠에 들어갈 펼친 손가락의 수: 2개

㉡에 들어갈 펼친 손가락의 수: 0개

답 2, 0

쌍둥이 문제 1-1

구 ㉠과 ㉡에 들어갈 펼친 손가락의 수

어 ❶ 반복되는 부분을 찾고

❷ 규칙에 따라 ㉠과 ㉡에 들어갈 펼친 손가락의 수를 각각 구하자.

❶ 전략 반복되는 부분은 보, 바위, 가위이다.

펼친 손가락은 5개-0개-2개가 반복된다.

❷ ㉠에 들어갈 펼친 손가락의 수: 5개

㉡에 들어갈 펼친 손가락의 수: 0개

답 5, 0

111쪽

대표 문제 2

구 하늘

해 ❶ 답 하늘, 노란, 하늘

❷ 답

❸ 완성한 산책로에서 더 칠한 하늘색 칸의 수를 세어 보면 5칸입니다. 답 5칸

쌍둥이 문제 2-1

구 더 필요한 보라색 구슬의 수

어 ❶ 목걸이를 만드는 데 쓴 구슬의 반복되는 색깔의 규칙을 찾고

❷ 찾은 규칙에 따라 구슬을 색칠한 다음,

❸ 색칠한 보라색 구슬의 수를 세어 답을 구하자.

❶ 연두색-보라색-연두색-연두색이 반복된다.

❷ 전략 ❶에서 찾은 규칙에 따라 색칠해 보자.

규칙에 따라 구슬을 색칠하기

❸ 더 필요한 보라색 구슬은 3개이다.

참고 ❷에서 색칠한 구슬의 색깔 중 보라색 구슬의 수를 세어 본다.

답 3개

112쪽

대표 문제 3

구 12

해 ❶ 답 흰색, 검은색, 검은색

❷ 흰색 - 검은색 - 검은색이 반복되므로 빈칸에는 흰색 - 검은색 - 검은색 바둑돌을 그린다.

답 

❸ 12번째에 놓이는 바둑돌의 색: 검은색

답 검은색

쌍둥이 문제 3-1

구 13번째에 놓이는 바둑돌의 색

어 ❶ 바둑돌을 늘어놓은 규칙을 찾고

❷ 규칙에 따라 바둑돌 13개를 늘어놓은 다음,

❸ 13번째에 놓이는 바둑돌의 색을 구하자.

❶ 전략 반복되는 부분을 찾자.

흰색-검은색-흰색이 반복된다.

❷ 규칙에 따라 바둑돌 13개 그리기

○ ● ○ ○ ● ○ ○ ● ○ ○ ● ○

❸ 13번째에 놓이는 바둑돌의 색: 흰색

답 흰색

정답과 풀이

113쪽

대표 문제 4

해 ❶ 33−34−35−36
1 큰 수 1 큰 수 1 큰 수
→ 33부터 1씩 커지고 있다. **답** 1

❷ 33−43−53
10 큰 수 10 큰 수
→ 33부터 10씩 커지고 있다. **답** 10

❸ 36부터 시작하여 오른쪽으로 1칸 간 수는
36보다 1만큼 더 큰 수이므로 37이고
37부터 시작하여 아래쪽으로 3칸 간 수는
37에서 10씩 3번 뛰어 센 67이다.
답 67

쌍둥이 문제 4-1

구 ■에 알맞은 수

어 ❶ 수 배열표에서 오른쪽으로 갈수록 몇씩 커지
는지 구하고, 아래쪽으로 갈수록 몇씩 커지는
지 구한 다음,

❷ 74부터 시작하여 아래쪽으로 몇 칸, 오른쪽으
로 몇 칸 갔는지 알아보고 ■에 알맞은 수를
구하자.

❶ **전략** 55부터 시작하여 오른쪽으로 갈수록 몇씩 커지는지
알아보자.
오른쪽으로 갈수록 1씩 커진다.

참고
55 − 56 − 57
1 큰 수 1 큰 수
→ 55부터 1씩 커지고 있다.

❷ **전략** 56부터 시작하여 아래쪽으로 갈수록 몇씩 커지는지
알아보자.
아래쪽으로 갈수록 9씩 커진다.

참고
56 − 65 − 74
9 큰 수 9 큰 수
→ 56부터 9씩 커지고 있다.

❸ **전략** 74부터 시작하여 아래쪽으로 1칸, 오른쪽으로 3칸
간 수를 구하자.
74부터 시작하여 아래쪽으로 1칸 간 수는 83이
고 83부터 시작하여 오른쪽으로 3칸 간 수는 86
이므로 ■에 알맞은 수는 86이다.
답 86

3 STEP 수학 독해력 완성하기 114~117쪽

114쪽

독해 문제 1

해 ❶ **답** 12, 1

❷ 긴바늘은 12를 가리키고, 짧은바늘은 6보다 1
만큼 더 큰 수인 7을 가리키게 그린다.
답 

독해 문제 2

해 ❶ 가위, 보, 주먹, 가위가 반복되는 규칙이고, 가
위는 2, 보는 5, 주먹은 0으로 나타낸다.
답 0, 2, 5

❷ 0+2+5=7 **답** 7

115쪽

독해 문제 3

주 22, 13

해 ❶ **답** 3

❷ 77부터 시작하여 3씩 작아지도록 수를 쓰면
77−74−71−68−65−62이다.
답 74, 71, 68, 65

❸ **답** 68

독해 문제 3-1 정답에서 제공하는 **쌍둥이 문제**

[보기]와 같은 규칙으로 수를 늘어놓은 것입니다.
㉠에 알맞은 수를 구하세요.

[보기]
11−15−19−23−27−31

42 − □ − □ − ㉠ − □ − 62

해 ❶ [보기]는 11부터 시작하여 4씩 커진다.
❷ 42부터 시작하여 4씩 커지도록 수를 쓰면
42−46−50−54−58−62이다.
❸ ㉠에 알맞은 수: 54
답 54

116쪽

독해 문제 | 4

구 **차**에 ○표

해 ❶ 답 **초록색, 빨간색**
② 초록색 – 초록색 – 초록색 – 빨간색이 반복되
도록 색칠한다.

답

③ 답 **11개, 4개**
④ (초록색 전구 수) – (빨간색 전구 수)
$= 11 - 4 = 7$(개)

답 **7개**

117쪽

독해 문제 | 5

구 12

해 ❶ 답 **흰색, 흰색, 검은색**
② 흰색 – 흰색 – 검은색이 반복되므로 빈칸에는
흰색과 검은색 바둑돌을 그린다.

답 

③ 답 **8개**

독해 문제 | 5-1 　　　정답에서 제공하는 **쌍둥이 문제**

규칙에 따라 바둑돌을 늘어놓았습니다. /
바둑돌 12개를 늘어놓는다면 검은색 바둑돌은 모두
몇 개인지 구하세요.

 ……

어 1 바둑돌을 늘어놓은 규칙을 찾고
2 규칙에 따라 바둑돌 12개를 그려 본 다음,
3 2에서 그린 바둑돌을 보고 검은색 바둑돌
의 수를 세어 보자.

해 ❶ 검은색 – 흰색 – 검은색이 반복된다.
② 규칙에 따라 바둑돌 12개 그리기

③ 검은색 바둑돌의 수: 8개

답 **8개**

4 STEP 창의·융합·코딩 체험하기 　118~121쪽

118쪽

융합 1

빨간색 – 초록색이 반복되는 규칙이 있다. 따라서
다음에 켜질 신호등 색깔은 빨간색 다음이므로 초록
색이다.

답 **초록색**

창의 2

흰색 부분을 검은색으로 칠한다.

답 

답 

119쪽

창의 4

닭 – 병아리가 반복되므로 □ 안에 알맞은 것은 닭이다.

답 에 ○표

창의 5

빨간색 – 초록색 – 노란색이 반복되므로 □ 안에 초
록색이 들어간다. 　답 **초록색**

120쪽

융합 6

예은이네 집: → 방향으로 1씩 커지므로 ㉠에 알맞은
수는 12이다.
주하네 집: → 방향으로 4씩 커지므로 ㉡에 알맞은
수는 14이다.
12<14이므로 ㉠과 ㉡에 알맞은 수 중 더 큰 수의
기호는 ㉡이다. 　답 ㉡

융합 7

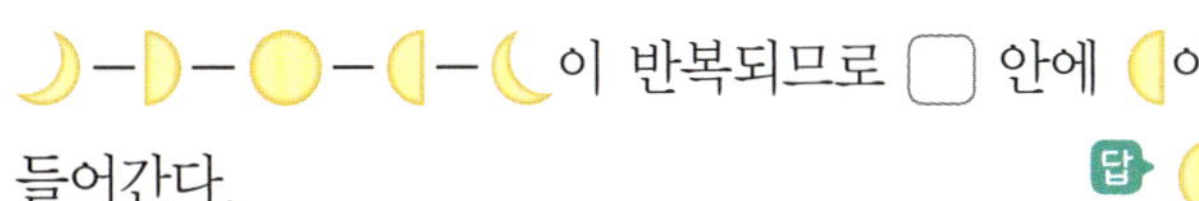이 반복되므로 □ 안에 이
들어간다. 　답

121쪽

코딩 8

빨간색 — 파란색 — 초록색이 반복된다.
빨간색 — 파란색 — 초록색 — 빨간색 — 파란색 — 초록색
이므로 6번째에 켜지는 조명은 초록색이다.

답 초록색

융합 9

♩ ♩ ♩ ♩ 가 반복된다.
악보를 완성하면 ♩ 는 4번 나오므로 큰북은 4번 쳐야
한다.

답 4번

종합평가 실전 마무리 하기 122~125쪽

122쪽

1 ❶ 세발자전거를 3, 두발자전거를 2로 나타냈다.
   ❷ 3과 2가 반복되므로 빈칸에 알맞은 수는 2이다.

답 2

2 ❶ 첫 번째 줄: ◆와 ● 가 반복되므로 빈칸에 ●
      를 그린다.
   ❷ 두 번째 줄: ●와 ◆가 반복되므로 빈칸에 ◆
      를 그린다.

답

◆	●	◆	●	◆	●
●	◆	●	◆	●	◆

3 ❶ 주사위 눈의 수의 규칙: 6 — 3 — 3이 반복된다.
   ❷ ㉠에 들어갈 주사위 눈의 수: 3

답 3

123쪽

4 ❶ 23부터 시작하여 3씩 커지는 규칙이다.
   ❷ 41 다음에는 44, 47, 50에 색칠한다.

답

21	22	23	24	25	26	27	28	29	30
31	32	33	34	35	36	37	38	39	40
41	42	43	44	45	46	47	48	49	50

5 ❶ 노란색 — 보라색 — 노란색이 반복된다.
   ❷ 규칙에 따라 껍데기 색칠
      하기

   ❸ 노란색으로 6칸 더 색칠해야 한다. **답** 6칸

6 ❶ 긴바늘이 가리키는 숫자는 항상 12이고, 짧은바
      늘이 가리키는 숫자는 2씩 작아진다.
   ❷ 여섯 번째 시계에서 긴바늘은 12를 가리키고,
      짧은바늘은 3보다 2만큼 더 작은 수인 1을 가
      리킨다.
   ❸ 여섯 번째 시계의 시각: 1시 **답** 1시

124쪽

7 ❶ 펼친 손가락은 5개 — 5개 — 0개가 반복된다.
   ❷ ㉠에 들어갈 펼친 손가락의 수: 5개
      ㉡에 들어갈 펼친 손가락의 수: 0개 **답** 5, 0

8 ❶ 오른쪽으로 갈수록 1씩 커진다.
   ❷ 아래쪽으로 갈수록 9씩 커진다.
   ❸ 63부터 시작하여 아래쪽으로 1칸 간 수는 72
      이고, 72부터 시작하여 오른쪽으로 3칸 간 수는
      75이므로 ■에 알맞은 수는 75이다. **답** 75

125쪽

9 ❶ 검은색 — 검은색 — 흰색이 반복된다.
   ❷ 규칙에 따라 바둑돌 11개 그리기

● ● ○ ● ● ○ ● ● ○ ● ●

   ❸ 11번째에 놓이는 바둑돌의 색: 검은색

답 검은색

10 ❶ ↗ 방향, ↘ 방향, → 방향으로 모두 분홍색 — 파
       란색이 각각 반복된다.
    ❷ 규칙에 따라 빈칸에
       색칠하기
    ❸ 색칠한 분홍색 칸 수:
       11칸,
       색칠한 파란색 칸 수:
       9칸

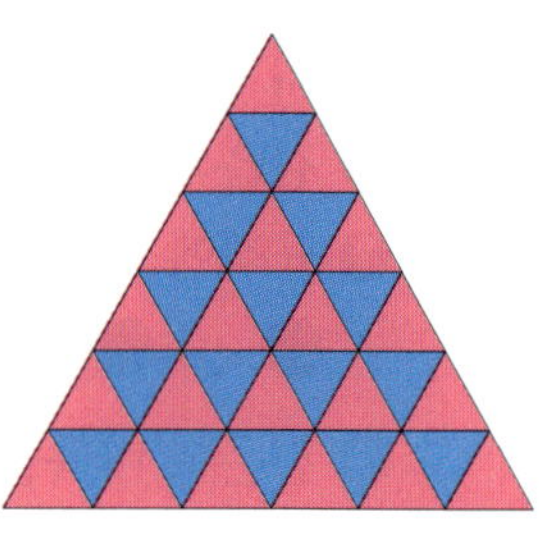

답 11칸, 9칸

6 덧셈과 뺄셈(3)

FUN한 이야기　126~127쪽

47, 14 / 14 / 14, 33 / 33

1 STEP 문제 해결력 기르기　128~133쪽

128쪽

선행 문제 1

(1) 덧셈식에 ◯표, ＋
(2) 뺄셈식에 ◯표, ―

실행 문제 1

❶ 덧셈식에 ◯표
❷ 25, 28

답▶ 28장

쌍둥이 문제 1-1

❶ [전략] '~보다 더 적다'에 알맞은 식을 정하자.
　병아리가 닭보다 더 적으므로 뺄셈식을 만든다.
❷ [전략] (닭의 수)−20
　(병아리의 수)=50−20
　　　　　　　＝30(마리)

답▶ 30마리

129쪽

선행 문제 2

60, 30

실행 문제 2

❶ 74, 13
❷ −, 61

답▶ 61개

130쪽

선행 문제 3

(1) 7 / 7, 39
(2) 3 / 3, 35

실행 문제 3

❶ 14, 25, 32
❷ 14, 32 (또는 32, 14)
❸ 14, 32, 46 (또는 32, 14, 46)　　답▶ 46

131쪽

선행 문제 4

(1) 74
(2) 24

실행 문제 4

❶ 7, 3, 2
❷ 73
❸ 73, 88　　答▶ 88

132쪽

선행 문제 5

① 7
② 1

실행 문제 5

❶ 8, 3
❷ 3, 1　　답▶ 1, 3

쌍둥이 문제 5-1

❶ [전략] 8과 더해서 9가 되는 수를 구하자.
　낱개끼리 계산: 8+ⓒ=9 ➡ ⓒ=1
❷ [전략] 4와 더해서 9가 되는 수를 구하자.
　10개씩 묶음끼리 계산: ㉠+4=9 ➡ ㉠=5

답▶ 5, 1

133쪽

선행 문제 6

9 / 7 / 23, 34

실행 문제 6

예상1 32 / 32, 52 / 아니다에 ◯표
예상2 32 / 32, 62 / 맞다에 ◯표

답▶ 30, 32, 62 (또는 32, 30, 62)

주의 20과 30의 낱개끼리의 합은 0이므로 합이 62인 두 수가 될 수 없다.

2 STEP 수학 사고력 키우기   134~139쪽

134쪽

대표 문제 ①

구 귤

주 • 33   • 12

해 ❶ 귤을 사과보다 더 적게 담았으므로 뺄셈식을 만들어야 한다.   **답** ―

❷ (귤의 수)=(사과의 수)−12
　　　　　=33−12=21(개)

답 21개

쌍둥이 문제 1-1

❶ 전략 '~보다 더 많이'는 덧셈식으로 나타내자.
　　(접시의 수)=(컵의 수)+7

❷ (접시의 수)=12+7
　　　　　　=19(개)   **답** 19개

135쪽

대표 문제 ②

주 • 56   • 20

해 ❶ **답**

처음 공원에 있던 참새 수: 56마리

날아간 참새 수　남은 참새 수: 20마리

❷ (날아간 참새 수)=56−20
　　　　　　　　=36(마리)   **답** 36마리

쌍둥이 문제 2-1

구 사용한 아이템 수

주 • 가지고 있던 아이템 수: 88개
　 • 사용하고 남은 아이템 수: 55개

❶ 처음 가지고 있던 아이템 수: 88개

사용한 아이템 수　남은 아이템 수: 55개

❷ 전략 (처음 가지고 있던 아이템 수)−(남은 아이템 수)
　　(사용한 아이템 수)=88−55
　　　　　　　　　=33(개)

답 33개

136쪽

대표 문제 ③

어 ❶ 각 바구니에서 수의 크기를 비교하여 골라야 하는 수를 구하고,
❷ 위 ❶에서 고른 두 수의 합을 구하자.

해 ❶ 43>30>25이므로 43을 골라야 한다.
　　　　　　　　　　　　답 43

❷ 40>27>10이므로 40을 골라야 한다.
　　　　　　　　　　　　답 40

❸ 43+40=83   **답** 83

참고 10개씩 묶음의 수가 클수록 더 큰 수이다.

쌍둥이 문제 3-1

주 • 왼쪽 바구니에 있는 수: 78, 45, 62
　 • 오른쪽 바구니에 있는 수: 13, 25, 17

어 ❶ 각 바구니에서 수의 크기를 비교하여 골라야 하는 수를 구하고,
❷ 위 ❶에서 고른 두 수의 차를 구하자.

❶ 전략 왼쪽 바구니에 있는 수의 크기를 비교하여 가장 큰 수를 고르자.

왼쪽 바구니에서 골라야 하는 수: 78

❷ 전략 오른쪽 바구니에 있는 수의 크기를 비교하여 가장 큰 수를 고르자.

오른쪽 바구니에서 골라야 하는 수: 25

❸ 차: 78−25=53

답 53

참고
❶ 78>62>45이므로 78을 골라야 한다.
❷ 25>17>13이므로 25를 골라야 한다.

137쪽

대표 문제 ④

구 수 카드로 만들 수 있는 가장 큰 몇십몇보다 22만큼 더 작은 수

주 수 카드: 9, 4, 6

해 ❶ **답** 9, 6, 4

❷ **답** 96

❸ 수 카드로 만든 가장 큰 몇십몇이 96이므로 96−22=74이다.

답 74

쌍둥이 문제 | 4-1

구 수 카드로 만들 수 있는 가장 작은 몇십몇보다 30 만큼 더 작은 수

어 ① 수 카드의 수의 크기를 비교하여 작은 수부터 차례로 10개씩 묶음, 낱개의 수 자리에 놓아 가장 작은 몇십몇을 만들고,

② 위 **①**에서 만든 수에서 30을 빼자.

① 수 카드의 수의 크기 비교하기: $4<7<8$

② [전략] 작은 수부터 10개씩 묶음, 낱개의 수 자리에 차례로 쓰자.

만들 수 있는 가장 작은 몇십몇: 47

③ [전략] (위 **②**에서 만든 수)−30

위 **②**에서 만든 수보다 30만큼 더 작은 수:
$47-30=17$

답 17

138쪽

대표 문제 5

해 ① $7-ⓒ=2$

➜ 7에서 빼어 2가 되는 수는 5이므로 $ⓒ=5$이다.

답 5

② $㉠-2=4$

➜ 2를 빼면 4가 되는 수는 6이므로 $㉠=6$이다.

답 6

쌍둥이 문제 | 5-1

어 ① 낱개끼리 계산하여 ㉠에 알맞은 수를 구하고,

② 10개씩 묶음끼리 계산하여 ㉡에 알맞은 수를 구하자.

(1) **①** [전략] 1을 빼면 5가 되는 수를 구하자.
$㉠-1=5$ ➜ $㉠=6$

② [전략] 8에서 빼어 4가 되는 수를 구하자.
$8-㉡=4$ ➜ $㉡=4$

답 6, 4

(2) **①** [전략] 5를 빼면 3이 되는 수를 구하자.
$㉠-5=3$ ➜ $㉠=8$

② [전략] 5에서 빼어 1이 되는 수를 구하자.
$5-㉡=1$ ➜ $㉡=4$

답 8, 4

139쪽

대표 문제 6

해 ① **답** 75 / 75, 40 (또는 40, 75)

② **답** 75, 45 / 75, 40, 35

③ **답** 75, 40, 35

쌍둥이 문제 | 6-1

① [전략] 차 22의 낱개의 수가 2이므로 낱개끼리의 차가 2인 두 수를 찾자.

낱개끼리의 차가 2인 두 수끼리 짝 짓기:
33과 65, 65와 43

② $65-33=32$, $65-43=22$

③ 두 수의 차가 22인 뺄셈식:
$65-43=22$

식 $65-43=22$

3 STEP 수학 독해력 완성하기 140~143쪽

140쪽

독해 문제 1

해 ①

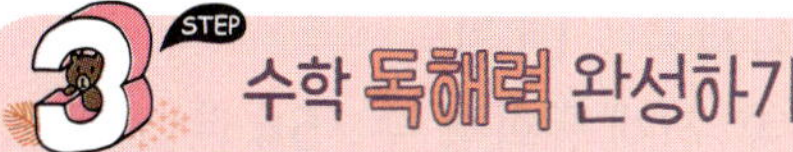

② **답** 78, 62

③ $78-62=16$

답 16

독해 문제 1-1

정답에서 제공하는 쌍둥이 문제

같은 모양에 적힌 수의 합을 구하세요.

해 ① 같은 모양을 찾아 모두 ◯표 하기

② 같은 모양에 적힌 수: 48, 30

③ 합: $48+30=78$

답 78

141쪽

독해 문제 | 2

주 • 11   • 36

해 ❶ 답

처음에 가지고 있던 연필 수 / 선물로 받은 연필 수: 11자루

선물을 받고 난 후 전체 연필 수: 36자루

❷ 36−11=25(자루)

답 25자루

독해 문제 | 2-1   정답에서 제공하는 **쌍둥이 문제**

책장에 동화책이 몇 권 있었는데/ 11권을 더 꽂아/ 모두 54권이 되었습니다./ 처음에 책장에 있던 동화책은 몇 권인가요?

구 처음에 책장에 있던 동화책 수

주 • 더 꽂은 동화책 수: 11권
   • 더 꽂고 난 후 전체 동화책 수: 54권

어 주어진 문장에 알맞은 그림으로 나타내어 처음에 책장에 있던 동화책 수를 구하자.

해 ❶

처음에 책장에 있던 동화책 수 / 더 꽂은 동화책 수: 11권

더 꽂고 난 후 전체 동화책 수: 54권

❷ (처음 책장에 있던 동화책 수)
  =(더 꽂고 난 후 전체 동화책 수)
   −(더 꽂은 동화책 수)
  =54−11=43(권)

답 43권

142쪽

독해 문제 | 3

구 합

해 ❶ 6>3>1이므로 만들 수 있는 가장 큰 몇십몇은 63이다.   **답** 63

❷ 1<3<6이므로 만들 수 있는 가장 작은 몇십몇은 13이다.   **답** 13

❸ 63+13=76   **답** 76

독해 문제 | 3-1   정답에서 제공하는 **쌍둥이 문제**

3장의 수 카드 중에서/ 2장을 골라 한 번씩만 사용하여/ 몇십몇을 만들려고 합니다./ 만들 수 있는 수 중 가장 큰 수와/ 가장 작은 수의/ 차를 구하세요.

2   7   4

주 수 카드:  2 , 7 , 4

어 1 큰 수부터 차례로 10개씩 묶음, 낱개의 수 자리에 놓아 가장 큰 몇십몇을 만들고,

2 작은 수부터 차례로 10개씩 묶음, 낱개의 수 자리에 놓아 가장 작은 몇십몇을 만들어,

3 위 **1**과 **2**에서 만든 두 수의 차를 구하자.

해 ❶ 7>4>2이므로 만들 수 있는 가장 큰 몇십몇은 74이다.

❷ 2<4<7이므로 만들 수 있는 가장 작은 몇십몇은 24이다.

❸ 차: 74−24=50

답 50

143쪽

독해 문제 | 4

주 • 빨간색 주머니에 있는 수: 67, 44
   • 파란색 주머니에 있는 수: 21, 56

해 ❶ 빨간색 주머니에서 꺼낸 수에서 파란색 주머니에서 꺼낸 수를 빼야 하므로 빨간색 주머니에서 꺼내는 수가 파란색 주머니에서 꺼내는 수보다 커야 한다.

답 **커야**에 ◯표

❷ 파란색 주머니에서 67보다 작은 수를 모두 골라 뺄셈식을 쓴다.

➜ 67보다 작은 수: 21, 56

답 67−21=46, 67−56=11

❸ 파란색 주머니에서 44보다 작은 수를 골라 뺄셈식을 쓴다.

➜ 44보다 작은 수: 21

답 44−21=23

독해 문제 | 4-1

각 주머니에서 수를 하나씩 꺼내어 /

 ―  을 계산하려고 합니다. /

만들 수 있는 뺄셈식을 모두 쓰세요.

구 각 주머니에서 수를 꺼내어 만들 수 있는 뺄셈식

주 • 빨간색 주머니에 있는 수: 77, 36
　　• 파란색 주머니에 있는 수: 15, 52

어 빨간색 주머니에서 꺼내는 수에 따라 파란색 주머니에서 꺼내야 하는 수를 찾아 만들 수 있는 뺄셈식을 모두 쓰자.

해 ❶ 빨간색 주머니에서 꺼내는 수가 파란색 주머니에서 꺼내는 수보다 커야 한다.

❷ 빨간색 주머니에서 77을 꺼냈을 때 만들 수 있는 뺄셈식:
$77-15=62$,
$77-52=25$

❸ 빨간색 주머니에서 36을 꺼냈을 때 만들 수 있는 뺄셈식: $36-15=21$

답 $77-15=62$,
$77-52=25$,
$36-15=21$

STEP 4 창의 융합 코딩 체험하기 （144~147쪽）

144쪽

창의 ①

(진우의 수학 점수)＋(채영이의 수학 점수)
$=44+32=76$(점)

답 76점

융합 ②

(편의점에서 문구점까지의 걸음 수)
＋(문구점에서 학원까지의 걸음 수)
$=23+46=69$(걸음)

답 69걸음

145쪽

창의 ③

$48>45$이므로 지우가 쌓은 나무 블록 수가
$48-45=3$(개) 더 많다.

답 지우, 3

융합 ④

(입장객 수)―(나간 사람 수)
$=93-22=71$(명)

답 71명

146쪽

코딩 ⑤

(1) 로봇이 말하는 수: $31+27=58$　　**답** 58
(2) 로봇이 말하는 수: $27-14=13$　　**답** 13
(3) 로봇이 말하는 수: 43보다 32만큼 더 큰 수
　　　　　➡ $43+32=75$

답 75

147쪽

코딩 ⑥

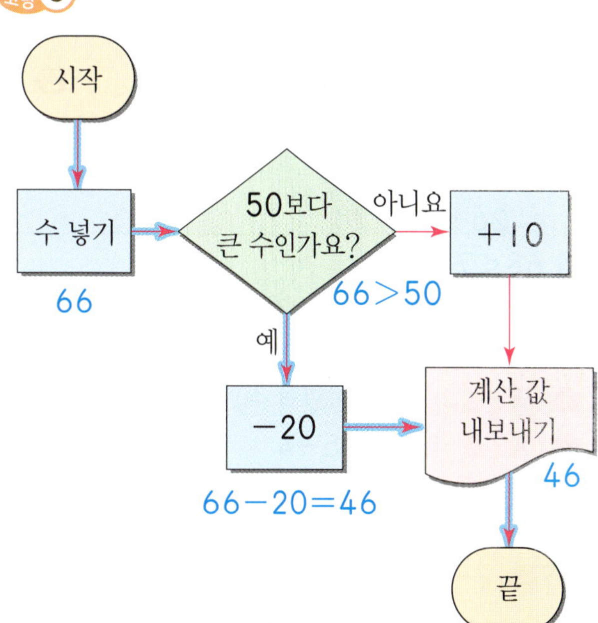

66은 50보다 큰 수이므로 '예'로 가서
$66-20=46$을 내보낸다.

답 46

코딩 7

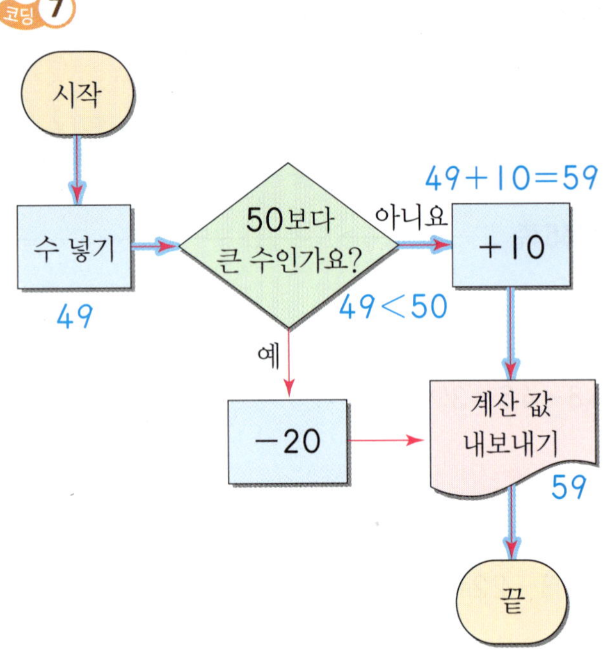

49는 50보다 작은 수이므로 '아니요'로 가서
49+10=59를 내보낸다.

답 59

실전 마무리 하기 148~151쪽

148쪽

1 ❶ 26>11>5
❷ 26−5=21　　**답** 21

2 ❶ ㉠ 51+17=68
㉡ 26+52=78
❷ 68<78
➡ 계산 결과가 더 큰 것: ㉡　　**답** ㉡

3 ❶ (색연필의 수)=(연필의 수)−4
❷ (색연필의 수)=35−4
=31(자루)　　**답** 31자루

149쪽

4 ❶ (초코우유의 수)=(딸기우유의 수)+12
❷ (초코우유의 수)=27+12
=39(개)　　**답** 39개

5 ❶ 처음 냉장고에 있던 달걀 수: 35개
사용한 달걀 수 / 남은 달걀 수: 14개
❷ (사용한 달걀 수)
=35−14=21(개)　　**답** 21개

6 ❶ 왼쪽 바구니에서 골라야 하는 수: 65
❷ 오른쪽 바구니에서 골라야 하는 수: 23
❸ 합: 65+23=88　　**답** 88

참고
❶ 65>57>430|므로 65를 골라야 한다.
❷ 23>16>80|므로 23을 골라야 한다.

150쪽

7 ❶ 수 카드의 수의 크기 비교하기: 6>5>2
❷ 만들 수 있는 가장 큰 몇십몇: 65

참고
큰 수부터 10개씩 묶음, 낱개의 수 자리에 차례로 쓰면 가장 큰 몇십몇은 65이다.

❸ 위 ❷에서 만든 수보다 14만큼 더 큰 수:
65+14=79　　**답** 79

8 ❶ 5−㉡=3 ➡ ㉡=2
❷ ㉠−7=1 ➡ ㉠=8　　**답** 8, 2

151쪽

9 ❶ 낱개끼리의 차가 7인 두 수끼리 짝 짓기:
62와 89, 72와 89

참고
차 17의 낱개의 수가 70|므로 낱개끼리의 차가 7인 두 수를 찾으면 62와 89, 72와 89이다.

❷ 89−62=27, 89−72=17
❸ 두 수의 차가 17인 뺄셈식: 89−72=17
식 89−72=17

10 ❶ 만들 수 있는 가장 큰 몇십몇: 94
❷ 만들 수 있는 가장 작은 몇십몇: 14
❸ 차: 94−14=80　　**답** 80

참고
❶ 9>4>10|므로 만들 수 있는 가장 큰 몇십몇은 94이다.
❷ 1<4<90|므로 만들 수 있는 가장 작은 몇십몇은 14이다.

공부 잘하는 아이들의 비결

성적이 오르는 천재적 공부법

학년이 더 - 높아질수록
꼭 필요한 성적이 오르는 공부법

- 초등 교과 학습 전문 최정예 강사진
- 국 · 영 · 수 수준별 심화학습
- 최상위권으로 만드는 독보적 콘텐츠
- 우리 아이만을 위한 정교한 AI 1:1 맞춤학습
- 1:1 초밀착 관리 시스템

www.milkt.co.kr | **1577-1533**

성적이 오르는 공부법
무료체험 후 결정하세요!

정답은
이안에
있어.!